毛兔
科学养殖技术

MAOTU KEXUE YANGZHI JISHU

陈赛娟　谷子林　主编

中国科学技术出版社
·北　京·

图书在版编目(CIP)数据

毛兔科学养殖技术/陈赛娟,谷子林主编．—北京：中国科学技术出版社,2017.1

ISBN 978-7-5046-7380-0

Ⅰ．①毛…　Ⅱ．①陈…②谷…　Ⅲ．①毛用型—兔—饲养管理　Ⅳ．①S829.1

中国版本图书馆CIP数据核字(2017)第000465号

策划编辑　乌日娜
责任编辑　乌日娜
装帧设计　中文天地
责任校对　刘洪岩
责任印制　马宇晨

出　　版　中国科学技术出版社
发　　行　中国科学技术出版社发行部
地　　址　北京市海淀区中关村南大街16号
邮　　编　100081
发行电话　010-62173865
传　　真　010-62173081
网　　址　http://www.cspbooks.com.cn

开　　本　889mm×1194mm　1/32
字　　数　188千字
印　　张　8
版　　次　2017年1月第1版
印　　次　2017年1月第1次印刷
印　　刷　北京盛通印刷股份有限公司
书　　号　ISBN 978-7-5046-7380-0 / S·605
定　　价　24.00元

本书编委会

主　编

陈赛娟　谷子林

副主编

赵　超　刘亚娟　陈宝江

杨翠军　周松涛

编著者

（按姓氏笔画顺序）

王志恒　王圆圆　巩耀进　刘　涛

孙利娜　李　冲　李素敏　李海利

杨冠宇　吴峰洋　倪俊芬　郭万华

黄玉亭　董　兵　霍妍明　戴　冉

魏　尊

Preface 前言

我国是毛兔养殖大国和兔毛生产、销售、加工和出口大国。近几年，毛兔产业出现了新的变化，打破以往的格局，南兔北移、东兔西移成为新的发展趋势，对推动农村经济发展，产业结构调整，增加农民收入发挥了重要的作用。

2013年习近平总书记首次提出了“精准扶贫”的概念，近年来，从中央到地方都高度重视精准扶贫工作，在毛兔养殖形势大好的情况下，很多地区将毛兔产业列入“精准扶贫”工作中。比如河北省保定市将发展毛兔产业纳入“精准扶贫”的项目之中，该市涞水县赵各庄镇白涧村率先成立了长毛兔扶贫产业农民专业合作社，经过几年的发展，合作社取得了良好的经济效益，并对周边地区起到了良好的示范作用，目前涞水县贫困地区共成立了18个长毛兔养殖合作社，长毛兔养殖成为当地脱贫致富的主导产业之一。

在大好形势的同时，隐藏着一定的风险，很大一部分新入行的长毛兔养殖户由于没有掌握养殖技术，养殖的效益较差，有一部分甚至出现亏损。为了使养殖户能尽快掌握毛兔养殖技术，笔者在参阅大量有关养殖技术资料的基础上，结合多年来积累的教学、实践及扶贫开发经验，编写了这本《毛兔科学饲养技术》。内容包括：毛兔市场与兔场经营、兔场设计与兔舍建筑、优良品种与毛兔选育、饲料开发与营养需要、繁殖生理与高效繁殖、毛兔的饲养与管理技术、毛兔保健与疾病防控7个部分。

本书以普及和更新农民及农技人员的长毛兔养殖技术为主旨，从市场信息和经营管理入手，从兔场规划建设抓起，以选种繁育和饲养管理为主线，系统地介绍了毛兔养殖各个环节的相关技术。本书内容既包括多年来从事毛兔养殖积累的经验和做法，又密切联系当前生产实践，引入当下最新生产技术，实用性较强。为增强可操作性和可读性，本书还引入了白涧村长毛兔养殖“精准扶贫”的成功案例，希望本书的出版能为长毛兔养殖户提供一些有益的帮助，为我国的长毛兔产业精准扶贫贡献一份绵薄之力。

在本书的编写过程中，参阅了大量国内外养兔专家的研究资料，在此深表感谢。

由于工作繁忙，水平有限，书中遗漏和错误在所难免，敬请读者批评指正。

编 著 者

Contents 目 录

第一章
毛兔市场与兔场经营

一、世界兔毛生产和市场

（一）毛兔的起源与发展

毛用兔与其他家兔一样，在动物分类学上属动物界、脊索动物门、脊索动物亚门、哺乳纲、兔形目、兔科、兔亚科、穴兔属、穴兔种、家兔变种。毛兔是普通家兔被毛（标准毛）的突变种，即长毛基因突变，以往国际上把所有的长毛兔都归属于一个品种，把毛用兔称为安哥拉兔，而我国习惯叫做长毛兔。

安哥拉兔由何而来，资料上说法不一。有人认为，长毛兔原产于土耳其的安哥拉城，由此而得名。但据考证，安哥拉兔最早于1734年发现于英国，因毛似安哥拉山羊而得名。18世纪中叶后传入法、美、德、日等国。安哥拉兔被各国引进后，根据不同的社会经济条件培育出若干品质不同、特性各异的安哥拉兔。比较著名的有英系、法系、日系、德系和中系安哥拉兔等。这里的“系”只是人们的习惯称呼而已，它与家畜育种学中介绍的“品系”概念完全不同，它代表各具特点的“品种类群”，甚至可以认为是独立的品种。

安哥拉兔的毛色有白色、黑色、棕红色、蓝色等 12 种之多,但以白色最为普遍。

(二)世界兔毛生产和市场

世界兔毛市场动荡不一,因而兔毛生产波动较大,养兔国家和养兔数量不断变化。20 世纪 60 年代前,年产毛量达 100 吨以上的国家有:英国 180 余吨,意大利 150 余吨,法国 140 余吨,德国 100 余吨,美国最高年份达 450 余吨,日本高达 210 余吨。20 世纪 70 年代后期,欧美由于工业发达,劳动力紧缺昂贵,安哥拉兔饲养量大减,兔毛产量明显下降。目前,在发达国家中,法国年产毛量 100 吨左右,德国年产毛量 50 余吨,意大利、匈牙利、瑞典、比利时、俄罗斯、蒙古、日本等国也产少量兔毛,主要用于国内纺织加工。从成本来看,法国生产 1 千克兔毛需要 350 法郎(折人民币 420 元)。目前,饲养长毛兔数量最多的国家是中国,此外,智利、阿根廷、法国、德国、捷克和斯洛伐克等国家相对较多。我国兔毛出口量占国际贸易量的 90%以上。据资料介绍,目前世界兔毛年产量约 120 万吨,仍然以中国产量为最多,约 1 000 吨,其次是智利年产 300~500 吨,阿根廷约 300 吨,法国约 100 吨,德国约 50 吨。另外,还有巴西、匈牙利、波兰和朝鲜等国家也正在积极发展毛兔生产。英国、美国、日本、西班牙、瑞士、比利时等国也有少量生产。安哥拉兔毛的主要销售市场是欧洲、日本和我国港澳地区。但目前欧洲主要的兔毛进口国是意大利和德国。

兔毛是一种特殊的纺织原料,用于纺织还不到 300 年,开始形成一项产业也只有 100 多年的历史。最初发展毛兔产业的多为发达国家,但由于工业的发展,这些国家兔毛产量逐年下降,到 20 世纪 60 年代一些劳动力低廉的发展中国家,着手发展这项产业,使安哥拉兔毛的年产量有了大幅度的增长。中国长毛兔养殖业的发展,逐渐取代了其他国家而成为世界毛兔养殖的第一大国、兔毛产

量和兔毛出口的第一大国。

二、我国毛兔生产与市场

（一）我国毛兔生产状况

长毛兔养殖具有投资少、见效快、门槛低、效益可观、抵御价格风险能力强等特点，已成为广大农民脱贫致富的重要项目，对推动农村经济发展、增加农民收入发挥了重要的作用。

我国从1954年开始引进长毛兔进行商品化生产并开始出口兔毛，经历了起步（1954—1968）、快速发展（1969—1986）、迅速下降（1987—1993）、辉煌发展（1993—1997）、低迷徘徊（1998—2008）和变速恢复（2009—）等阶段。辉煌期曾创造出“三高”：收购价最高，粗毛型手拔毛每千克270～280元；出口创历史最高，外销达14 510吨；内销兔毛量最高，从1995年开始，内销量超过国内兔毛总产量的70%。2007年兔毛市场跌到“谷底”，全行业亏损，毛兔存养量萎缩到高峰期的1/8。2009年以后逐渐恢复，并经过几年的平稳期，但总体上看，价格尽管较高，但养殖数量没有大的突破，市场起色不大，波动依旧，但养殖模式和品种质量都发生了质的变化。

前些年由于受金融危机影响，兔毛需求量减少，价格下降，长毛兔生产处于低潮期，特别是饲料价格的上涨和劳动力成本的持续增加，一些地方出现养兔不赚钱，甚至亏本的现象。特别是经济较发达的南方一些省市，养殖长毛兔与其他行业或外出打工相比，优势逐渐减少，甚至成为劣势。因此，在一些地区，养兔农户数量和饲养量减少。2009年下半年开始，兔毛价格从每千克110元逐渐回升，结束了长达3年多的兔毛市场价格低潮期。2011年随着需求量回升，库存消化殆尽，兔毛产量不能满足市场需求，兔毛价

格脱离成本区域跳跃式上升。2011 年 3 月刀剪毛市场收购价达到 240 元/千克,创了历史新高,此后的 4 年兔毛收购价均维持在较高水平,兔农又迎来了一次发展的大好机会。长毛兔抵抗价格风险能力强,加之近几年我国肉兔和獭兔市场疲软,一些养殖肉兔和獭兔的企业改养毛兔,一些其他行业的企业兼营毛兔,以往家兔产业中的“小三”(肉兔老大,獭兔老二),红遍大江南北。我国兔毛价格变化见图 1-1。

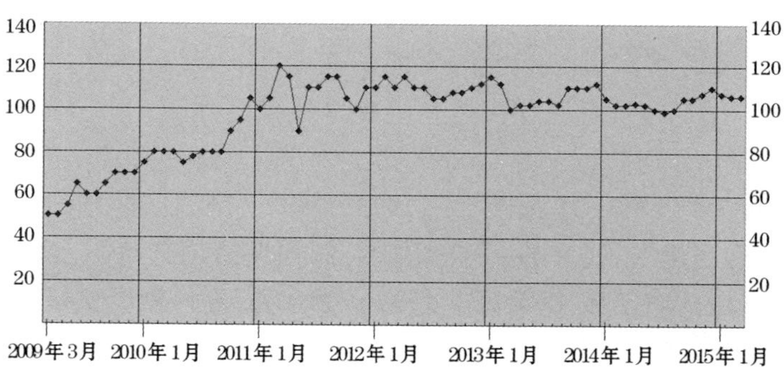

图 1-1　我国兔毛价格变化曲线图

(资料来源:兔毛论坛。)

由于毛兔存栏量和兔毛生产量未纳入国家统计范围,所以对全国长毛兔存栏量和兔毛产量没有一个权威的统计数据。根据麻剑雄(2011)提供的数据(表 1-1),浙江省为全国重点毛兔产区,具有规模大、品质好和产量高的优势。但 2006 年以来,养殖数量连续下降。

表 1-1　浙江省 2006—2010 年毛兔存栏量统计表　(万只、%)

年　份	存栏量	与上年度比较
2006	232.03	-6.07
2007	179.45	-22.66

续表 1-1

年　份	存栏量	与上年度比较
2008	142. 45	−20. 62
2009	130. 42	−8. 5
2010	130. 23	0

据国家兔产业技术体系 2012 年对全国家兔存栏、出栏和兔产品产量的初步调研显示，2011 年全国毛兔存栏量 2 165 万只，排在前 8 位的省份分别是山东、河南、江苏、安徽、重庆、浙江、湖北和江西。兔毛产量也有一定幅度增加。尽管这一数据是一个统计数据，不一定十分准确，但表明近年来我国毛兔存栏量有了一定回升，毛兔质量大幅度提高，单产显著增加。

但是，2013 年亚洲动物保护组织在网上公布了一段关于我国部分地区兔农"手拔毛"粗暴对待毛兔的视频，并向国内外主要兔毛利用企业施压，极大地影响了我国的兔毛出口，给毛兔产业带来了很大的影响。"手拔毛"事件发生后我国生产的兔毛几乎全部靠内部消化，但是，国内的消化能力是有限的。据有关专家透露，国内兔毛有相当的库存积压，毛兔产量上升速度较快，能否实现产销平衡是毛兔市场稳定的关键。因此，我们应该清醒地看到，在大好形势的同时，隐藏着一定的风险，研究市场、跟踪市场、及时调整生产方向、提前做好险情预案，是我们应有的思想准备。

（二）兔毛加工及贸易现状

兔毛是高档纺织原料，兔毛制品具有"轻、柔、软、薄、美"等优点，但一直以来受毛纺技术和工艺的限制，高档兔毛制品加工难，兔毛主要依赖原料出口为主。

中国 1954 年开始出口兔毛，拉开了中国毛兔商品生产的序幕。尽管当年出口兔毛仅 0. 4 吨，占当时国际市场兔毛贸易量的

0.3%,但确实是一个良好的开端,后来出口量逐渐增加,至20世纪50年代末,年均出口90吨,60年代末年均出口550吨,70年代末超过1 600吨,占世界兔毛贸易总量的90%以上。虽然在各个年代中也有波动,但总的趋势是在波动中上升。

党的十一届三中全会以后,我国实施改革开放政策,在各行各业大力发展的同时,也促进了养兔业的发展。到1981年兔毛出口达到了5 000吨,使我国兔毛在国际市场上占有举足轻重的地位。但是1982年由于世界经济危机,使兔毛出口量下降到不足2 808吨。由于兔毛产业一直是外向型,当时我国对兔毛的深加工也是刚刚起步,这次下跌使毛兔的存栏量几乎下降了58%以上。随着世界经济的快速复苏,对兔毛的需求量大增,再一次促进了养兔业的发展。以1985年为例,年收购兔毛量达11 000吨,出口量达到8 000吨,换汇2.1亿美元,而且国内毛纺行业也引进了不少纺兔毛的新设备,掌握了兔毛的深加工技术,仅1986年就出口兔毛纱2 500吨、兔毛衫150万件,产品的出口比原料换汇多,增加了外汇的收入,使兔毛产业在当时成为毛纺工业中一个起步晚、发展快、装备好、产品新、效益佳的新秀。但是好景不长,1987年以后,兔毛及其产品从热销走向低迷。此后至今的20多年中,除了个别年份(如1992年)出口量较多以外,大部分时间兔毛产业一直在低位波动式发展,尤其是2007年以后,又一次世界性经济危机影响到了兔毛产业,主要进口国美、日、西欧等发达国家购买力下降,属于高档产品的兔毛产业自然成了重灾区。这种大的波动致使毛兔数量及兔毛产量下降,兔毛的加工企业改产、停产,对兔业经济造成重大打击。

2000年以来随着国际产业结构的调整,国外大量纺织厂向中国和其他一些发展中国家转移,国外的兔毛原毛进口量逐步下降,目前国内兔毛原料用量已超过70%。近年来,国内兔毛加工企业由小而散向区域性、规模型企业发展,并形成了一批年加工能力超

300 吨的龙头企业，同时在河北蠡县、广东大朗、浙江濮院形成了全国性的兔毛纱线交易市场。目前，国内兔毛初加工企业主要集中在山东、浙江、江苏等省，兔毛初加工供应量约占全国的 60%；兔毛纺织主要集中在江苏、浙江、山东、上海、广东、河北、天津等地，兔毛纺织以粗纺为主，产品主要以毛衫、大衣、西服及围巾、帽子、手套、袜子等为主。近年来，机梳后的兔绒与羊绒混纺产品由于大量降低粗毛和二型毛的比例，掉毛缺陷有明显改善，受到市场青睐，兔绒与山羊绒等高档绒毛混纺的比例正在逐步提高，兔绒的用量已占兔毛总用量的 30%以上，兔绒正在成为兔毛消化的重要渠道，生产优质兔绒已成为兔毛生产的方向。

三、毛兔产业发展趋势分析

（一）规模化养殖

规模化养兔是中国兔业发展的方向，肉兔如此，獭兔如此，毛兔也是如此。

第一，规模化是农业商品生产的发展规律。任何农业商品活动起初多为自给自足（对于养殖业来说，属于庭院经济），当有剩余产品后才出现交易，当从交易中获得效益，刺激生产的积极性，开始扩大生产规模，生产由自给自足型逐渐转化为副业生产型，当规模达到一定程度，形成专业化生产。纵观世界养兔发展史，无一例外。

第二，科技进步促进规模化养殖。当人们对于养兔认识不足，规律没有摸清的时候，盲目扩大规模只能走向失败。当科技进步给予养兔业以足够的技术支撑时，养殖规模也发展到适应当时生产力的水平。

第三，产业化发展需要规模化养殖。产业化是兔业发展的出路，而产业化是由该产业的若干环节和链条相互衔接而成，而这种衔接的理想化是无缝衔接或有机结合，即产供销一条龙，生产有序，前后呼应。没有规模化生产，产业不能发展，也难有各链条间的无缝衔接。

第四，市场旺盛需求拉动规模化养殖。国内外消费市场的旺盛需求，是规模化养殖的最直接动力。伴随着人们对兔及兔产品的深入了解以及兔系列产品的开发，享受兔产品的人群不断扩大，拉动了家兔生产和加工业的发展。而此时的大规模养殖的投资者不只是靠养兔不断积累起家的农民，更多的是其他行业的企业家或财团。

当然，规模化养殖在不同的时期有不同的规模和内含，在不同地区差异也较大。总体来说，技术和经济发达地区，养兔场数量逐渐减少，养殖规模不断扩大，养兔由千家万户变成企业化生产。当然，很多养兔企业不仅仅是一个单纯的养殖企业，可能承担产业链中的多个功能。

（二）合作化经营

市场经济使零散的长毛兔养殖户举步维艰，在激烈的市场竞争中逐渐被淘汰。而养殖毛兔是普通百姓脱贫致富优选项目之一，要想生存，必须适应市场经济规律，寻找突破口。

1. 公司+农户　伴随着规模化毛兔养殖的发展，一些龙头企业应运而生。产业的龙头在市场竞争中的发展壮大，在很大程度上取决于其带动农户的数量和规模，以及他们的运行模式。因此，公司+农户的生产经营模式在毛兔产区建立。在他们的合作中，龙头企业解决了产品加工和市场营销问题，农户解决了原料供应问题，即专门从事毛兔养殖或兔毛生产。他们的相互依存和优势互补，在市场竞争中相互借力，站稳脚跟。

2. 专业合作社　另外一种合作经营模式为专业合作社。农

民专业合作社是在农村家庭承包经营基础上,同类农产品的生产经营者或者同类农业生产经营服务的提供者、利用者,自愿联合、民主管理的互助性经济组织。规范的合作社一般遵循以下原则:①自愿和开放原则。所有的人在自愿的基础上入社,获得合作社的服务并对合作社承担相应的责任,同时社员退社自由。②社员民主管理原则。合作社是由社员自我管理的、民主的组织,社员积极参加政策的制定。合作社成员均有同等的投票权,即一人一票。③合作社利益的分配实行惠顾原则。合作社的经营收入、财产所得或其他收入,根据社员对合作社的惠顾额按比例返还。④教育、培训和信息。合作社对内部相关人员进行培训以便使合作社有更好的发展。⑤合作社之间的协作。合作社要通过协作形成地方性的、全国性的乃至国际性的组织结构。⑥关心社区发展。合作社通过社员批准的政策为社区的发展服务。

正是由于合作社的上述原则,保证了合作社和农民(其社员)的紧密的利益关系。有些合作社还创办了农产品加工等企业,使合作社更具竞争实力。在我国,合作社的发展还处于起步阶段,2007 年颁布实施的《中华人民共和国农民专业合作社法》为未来合作社的规范化、健康发展提供了重要的保障。近年来,我国养兔合作社逐渐发展了起来,它们在帮助养殖户统一采购原料、统一提供技术服务、统一销售兔产品等方面做出了很大的贡献。

比较成功的典型是浙江省嵊州市长毛兔专业合作社,成立于1996 年,以嵊州市供销社下属的市畜产品有限公司为依托,积极发挥专业合作社组织优势、规模优势,融生产、服务、经营于一体,并进一步完善长毛兔产前、产中、产后系列化服务,从而推动全市兔业产业化经营。

长毛兔专业合作社建立后,通过引导兔农走向产业化、规模化,大大增强了全市养兔户对市场风险的抗衡能力,保证了全市长毛兔生产稳定发展。他们的经验是主要抓好如下工作:

第一,抓品种改良。合作社凭借省级骨干农业龙头企业——嵊州市畜产品有限公司华兴良种兔场的优势,注重优良品种的推广。在全市建立了 100 多个家兔人工授精站、500 多个良种繁育专业户,使全市的家兔优良品种覆盖率达到 100%。

第二,抓技术培训与信息指导。合作社为重点户兔农每年组织两期养兔培训班,每月向兔农发放信息资料及提供市场信息、养兔技术等。

第三,抓科技示范与规模生产。积极引导养兔户向规模经营和科学养兔方面发展。全市形成了区域化布局、专业化生产、一体化经营、企业化管理、社会化服务的养兔产业化格局。

第四,抓配套服务。包括免费技术培训,免费赠送养兔信息,免费疾病诊疗,优惠供应疫苗和饲料,每年组织赛兔会一次,召开一次全市性社员大会,确定产品销售方式,进行利益分配,介绍养兔经验和市场信息,与社员签订保护价收购合同,市场低迷时保护社员利益。

第五,抓生产、销售、服务与产品开发。合作社积极开拓兔毛和种兔销售渠道,同时还对社员向有关单位协调生产用地与资金贷款问题,为专业化经营提供了可靠保证。

嵊州市长毛兔专业合作社抓住一家一户农民缺技术、缺良种、缺资金、缺销路、缺规模的重点问题,采取了多种合作方式,把社员合作形式分为紧密型、半紧密型和松散型 3 种。合作方式分为技术合作、产品使用、资金合作、分阶段合作,使合作社队伍不断扩大,产业不断升级,实力不断壮大。他们的创新性实践,对解决当地农村、农业、农民问题产生了很大的影响,提升了一个产业,富裕了一方百姓。他们的经验值得借鉴。该合作社被浙江省评为 2013 年度 AAA 级专业合作社。

(三)产业化发展

中国的毛兔养殖业经过几十年的探索,逐渐走向产业化发展的道路。而走上这条道路,是在实践的挫折中不断醒悟的。实践表明,毛兔养殖或兔毛生产,仅仅发展养殖而不注重产品加工和市场开发,养殖是没有出路的。也可能养殖的数量越多,出现的问题越多,老百姓的损失越大。

毛兔养殖业的健康有序发展,需要形成一个完整的产业链条。在这一链条中的关键环节:优种—养殖—加工—销售(市场)—消费,为产业链的主链,哪一个环节出现问题,将直接影响整个产业的发展,或成为产业发展的限制因素。以往,我们往往偏重于养殖环节以及与养殖直接相关的环节,如育种、饲料、繁殖、管理、防疫、笼具、环境控制等,忽视了产业链条中的后面几个环节,结果不是产出的兔毛卖不出去,就是售价低,更多的是市场的大起大落,毛兔生产的起伏波动,广大兔农经受一次又一次的打击。加工和市场成为毛兔产业的最大限制因素。

经过多年的探索,中国的毛兔产业逐渐走向产业化发展的道路。不仅在以往的重视环节,如育种、养殖,与以往有了质的变化,而且在过去的薄弱环节——兔毛加工,也有巨大的变化,如梳毛(发明了兔毛分梳机、纯兔毛并条机)、纺纱、纺织、兔毛制品等,改变了过去以原毛出口、境外加工、成品返销的被动局面。由于兔毛纤维本身的特殊结构,使其纯纺困难。经过科技攻关,如今这个难题逐渐被攻克,兔毛辐照表面改性处理、兔毛织物防掉毛方法、兔毛织物定形柜、兔毛织物防掉毛剂等,这些为解决兔毛织物掉毛、起球、缩水等问题起到了一定的作用。兔毛纺织由粗纺、低支、低比例混纺逐步向精纺、高支、高比例混纺发展,延长了产业链,增加了附加值,增强了抵御市场风险的能力。

（四）区域化扩充

由于历史的原因，我国毛兔养殖多集中在黄河以南即中南部几个省市，尤其是经济比较发达的浙江、江苏、上海和山东等，成为毛兔产业的重要力量。但是，伴随着经济的发展，饲料资源的供需矛盾和价格的增加，环保限制，特别是劳动力成本构成和比较效益的不断变化，在发达地区养殖毛兔的优势逐渐削弱。因此，毛兔养殖由南向北、由东向西转移。尽管这一过程并不十分顺利，可能发展比较缓慢，但符合天时、地利，为大势所趋。未来毛兔产业的格局将逐渐明朗：南部和东部成为优质毛兔的种源基地、技术的辐射源和兔毛加工及流通基地。使南北合作、东西融合，形成毛兔产业全国一盘棋协调发展的新局面。

（五）多元化品种

我国毛兔品种比较杂乱，除了国家审定的少数品种外，多个省市自己培育并经过技术鉴定的毛兔品种（系）有数十个之多。由于过去将毛兔统称为一个品种，不同省份培育的毛兔难以通过国家审定，而国家对于品系不予审定，因此极大地限制了毛兔新品种的培育。因而只能通过地方科技成果鉴定的方式，间接证明“新品种”的培育和存在。浙系长毛兔和皖系长毛兔分别在 2010 年 3 月和 12 月被农业部颁发证书（见中华人民共和国农业部公告第 1424 号和中华人民共和国农业部公告第 1493 号），为长毛兔新品种的培育开了绿灯。有理由相信，越来越多的长毛兔新品种将在不远的将来通过国家审定。

尽管长毛兔品种（系）繁杂，但从被毛类型，大体可分为 2 类，即粗毛型长毛兔和细毛型长毛兔。皖系长毛兔属于粗毛型长毛兔，浙系长毛兔属于细毛型长毛兔。所谓粗毛型是指粗毛含量占被毛 15%以上的长毛兔为粗毛型（典型的粗毛型长毛兔为法系

兔),而细毛型是指被毛中粗毛含量不超过15%的长毛兔(典型的细毛型长毛兔为德系兔)。一般粗毛型兔毛多用于织外套、服装的服饰,而细毛型兔毛多用于精纺、生产衬衣等。近年来,国际市场如日本、韩国、东南亚等地粗毛型兔毛走俏,而且价格比一般细毛型兔毛高30%左右。以往我国长毛兔以绒毛为主、粗毛为辅,近些年受国际市场的影响,国内粗毛型长毛兔育种如火如荼,多数地区大力发展粗毛型毛兔。目前来看,两种类型的长毛兔比例已经失调,粗毛型占据了绝对上风。

我们清楚,粗毛和细毛各有其优点,不可互相替代,也难说孰好孰坏。从消费者需求来看,细毛型为主流,需求量总体占优。因此,毛兔品种的发展方向应该是以细毛型为主,多元化发展,允许地区间有些差别,个别时期突出某种类型。但是,绝不能因为一时期某种类型兔毛价格高或销路畅通而强调这种类型,丢掉另一类型;或将一种类型改造成另一类型。培育一个品种或一种类型,需要多年的积累和艰苦的工作,但如果想丢掉一个品种或类型,却轻而易举。而一旦丢掉再想恢复,是非常困难的,也可能永远不能实现。我国一些珍贵的地方家兔品种的丢失,就是有力的例证。

(六)现代化设施

长期以来,毛兔养殖属于劳动密集型产业,由于其一年多次剪毛,因此在三大家兔中,消耗的劳动力最多。如果在20世纪以前,劳动密集型产业利用我国劳动力资源丰富、劳动力廉价的优势,还有生存空间,但是,进入21世纪以来,劳动力成本越来越高,劳动力成本成为劳动密集型产业发展的最大限制因素。

凡是到过欧洲考察兔业的业内人士一致认同:欧洲的劳动效率高。1个工人可以饲养800~1 500只母兔,1只母兔(指肉兔)年提供50多只商品兔。而我国的情况与之差距很大。据调查,我国多数兔场,1个饲养员饲养种母兔不超过200只,1只母兔年提供商品兔:肉兔一般35只以内,獭兔28只以内,毛兔20只以内。我们与欧洲的差距为什么这么大?难道我国的从业者不聪明?难道我们的从业者不勤奋?都不是!非常重要的原因是我们的硬件落后,基本靠手工操作,自动化程度非常低。当然,技术上整体落后,品种质量、饲料质量和环境质量较差也是重要原因。

要提高劳动效率,必须解放生产力,提高自动化水平,在硬件上舍得投资。目前,具有经济实力而又有远见的兔业企业家,以高起点、高标准、高质量建设兔场,根据中国国情,引进或研发新型兔舍、新型笼具、新型设备等,在饮水、清粪、消毒、剪毛、通风、光照、温度等控制方面,基本上实现了机械化或半自动化、自动化。对此从业者逐渐统一认识,谁在这一方面先行一步,谁就会占领本领域的制高点,谁就会有更大的潜力、更快的发展、更多的商机。目前,尚未完全突破的是自动喂料。可以预见:在不远的将来,我国养兔的自动化水平将会更高,接近或达到欧洲养兔的先进水平。

四、我国毛兔产业主要问题及发展对策

中国是世界最大的兔毛生产国和供应国,而定价权弱化;市场信息渠道不畅,价格起伏波动频繁;兔农的欲望值与政策扶持力度不对等;深加工相对落后;硬件设施落后,劳动效率低下;传统主产区与未来主产区的转换速度缓慢;新技术和新品种推广普及有待加强等,是目前我国毛兔产业存在的主要问题。针对以上问题,我们提出以下发展我国毛兔产业的对策。

(一)加强毛兔产业化和组织化发展

过去我国的兔毛出口,定价权往往没有在我方。其原因固然很多,比如多家出口,无序竞争,相互拆台,鹬蚌相争,一些企业信誉度差,兔毛掺假等。随着规模化养殖的发展,组织化程度的提

升，这种局面近年来有很大改观。为了在国际市场上提升我国定价权，应该继续加强毛兔产业化、规模化发展，成立相关组织机构，协调国内相关企业，研究市场，统一对外。

（二）加强毛兔产业经济和市场研究，提高预警能力

研究毛兔产业发展内在经济规律与总体国民经济和世界经济的关联关系、国际国内市场流行趋势、产品供求关系等，及时掌握动态变化规律，形成毛兔产业发展的基本预期或不利情况的提前预警，指导生产，避免农民养兔的盲目性，降低产业发展的波动性，确保兔产业的良性发展。

（三）加强优势产区政策扶持，维持生产稳定发展

我国毛兔养殖区域相对集中，主产区兔农具有较丰富的养殖经验，但长期以来缺乏各级政府对毛兔产业的扶持政策，遇到低潮，家底较薄的普通养殖户难以承受打击而大伤元气。如果养兔像养牛、养猪等大宗畜牧产业那样，得到国家和各级政府的相应支持，特别是对兔业龙头企业和专业合作社的扶持，保护农民养兔的积极性，将会在很大程度上降低养殖数量上的大起大落，保证兔毛生产和市场供需的相对稳定。建议利用补贴或贷款来引导养殖企业和兔毛加工企业加强科技投入，促进科技在兔业中的应用，提高我国毛兔产业的整体水平。

（四）加强硬件建设，增加科技投入

劳动效率低一直困扰着毛兔产业的发展，摆脱传统的毛兔养殖劳动密集型产业的状况已迫在眉睫。首当其冲的是养殖设备的现代化建设，包括笼具、自动喂料、自动清粪和环境控制的自动化，尤其是剪毛机械化，使养殖人员从繁重的劳动中解放出来，从低效的手工操作中摆脱出来。而这些硬件建设的时间，对于养殖企业

而言，意味着资金的投入；而对于整个产业而言，则要加强设备的引进、消化和研发，既需要相关科研人员的创造性工作，更需要国家相关部门加大科技的投入。

（五）加大宣传力度，加快主产区的战略转移

经济发达的南方许多省市，由于环保的压力和行业间比较效益的变化，发展毛兔养殖的优势减弱。南兔北移、东兔西移，已是大势所趋。西部和北部地区具有明显的人力资源、饲草饲料资源、土地资源及环境资源的优势，是发展毛兔的良好区域，也是大力发展的最佳时机。目前看，这种主产区的转移速度不快、效果不佳。促进这种转移，一方面需要加强对西部和北部地区的宣传发动，通过主管部门牵头，使南北东西联姻对接；另一方面需要加强技术的推广和产品回收与加工等一揽子问题的统筹解决。主产区的转移可以采取两种途径或方式，一是南部和东部发达地区的兔业企业家到西部和北部创业，带动毛兔产业的发展；另一方面北部和西部地区政府引导，通过与东部和南部联姻，当地企业家牵头创业。

（六）加强行业监督，提倡诚信经营

兔毛是价值较高的商品，如因原料质量造成成品质量问题，将会产生严重的后果。尤其是兔毛掺假事件在历史上屡次出现，教训深刻。其不仅仅影响兔毛产品的加工操作和产品质量，更主要的是严重影响行业的信誉以及在国际上的地位，给行业带来难以弥补的损失。建议行业主管部门严厉打击兔毛掺杂做假行为，加大处罚力度，大力提倡诚信经营。提高兔毛产品质量检测手段，将问题解决在萌芽状态，使毛兔产业健康稳定发展。

（七）加强兔毛深加工技术研发，拓展消费市场

兔毛生产和出口，以往大部分是以原料和初级产品形式提供

给市场,近年来有很大改观,潜力巨大。应开展产、学、研合作,不断提高兔毛原料品质、改进加工工艺、改造毛纺设备、开发新产品和研究后整理技术,拓展兔毛应用领域和范围,大力挖掘兔毛消费潜力,拓宽消费市场,引领产业发展方向。

(八)加强良种推广和技术服务,增加养兔效益

为了推动群众性的长毛兔选育工作开展,近几年我国浙江、山东等省开展了多次大规模的长毛兔比赛大会。例如,2007 年 4 月在浙江省嵊州市举办的"白中王"长毛兔赛兔会,养毛期 73 天。参赛公兔平均体重 5.16 千克,只均 1 次产毛量 589 克,折合年产毛量 2 944 克,公兔个体最高 1 次产毛量 767 克,折合年产毛量 3 835 克;参赛母兔平均体重 5.31 千克,只均 1 次产毛量 674 克,折合年产毛量 3 371 克,母兔个体最高一次产毛量 952 克,折合年产毛量 4 760 克。2009 年 4 月举办的"白中王"杯浙江嵊州吉尼斯长毛兔产毛擂台赛,决出单只产毛量 1 033 克和群体产毛量 5 400 克,分别夺得本次擂台赛母兔冠军和群体冠军,以及单只产毛量 1 004 克获本次擂台赛公兔冠军。又如,2014 年在山东省蒙阴县举办的"首届中国毛兔产业发展大会暨山东省第二届长毛兔赛兔会",其中 2 个兔场以平均产毛量 1 003.92 克和 947.72 克的成绩获得组赛组金奖;防伪芯片号码 208 兔以 1 141.45 克产毛量获个体赛公兔组冠军;防伪芯片号码 215 兔以 1 136.09 克产毛量获个体赛母兔组冠军。2015 年 4 月在山东蒙阴举办的第三届长毛兔赛兔会,组赛(2 公 4 母)第一名平均产毛量 1 039.31 克;个体产毛量公兔组冠军 1 188.92 克,母兔组冠军 1 092.32 克。产毛率个体冠军:公兔 29.40%,母兔 30.08%;除了母兔个体略低于以上两届外,其他各项成绩再次刷新纪录。这说明,我国毛兔群众性的选育和配套饲养管理技术达到很高的水平,小群体生产成绩超过了原世界纪录,毛兔具有很高的生产潜力。但是,应该看到,赛兔会

的高产与平时的生产产量有一定差异，绝大多数的生产群生产性能还比较低，科学养兔技术和优良品种的普及和推广任务还较重。今后应该强化这两方面的工作，不断提高养兔效益。

五、毛兔产业的组织模式

总结我国毛兔产业发展的实践，从产业链各环节的关系来看，可概括为如下几种主要模式。

（一）龙头企业+农户

“龙头企业+农户”就是通过产业链中的骨干企业（“龙头企业”）把一家一户分散的“小农户”联结起来。这种经营模式始于20世纪80年代，它在农民学习生产技术、规避市场风险和规模经营增收等方面发挥了积极作用。

“龙头企业+农户”主要是企业与农户以签约形式建立互惠互利的供销关系，即具有实力的加工、销售型企业为龙头，与农户在平等、自愿、互利的基础上签订合同，明确各自的权利和义务及违约责任，通过契约机制结成利益共同体，企业向农户提供产前、产中和产后服务，按合同规定收购农户生产的产品，建立稳定供销关系的合作模式。公司和农户之间在开拓市场、打造品牌方面存在一种互动力，形成了良性循环。

国内一些大型的种兔养殖企业、兔毛加工、出口企业等都积极采取“龙头企业+农户”形式，稳定其与农户的关系，既保证了企业的原料来源或客户群体，又在一定程度上保证了农户的利益。

当然在“龙头企业+农户”的模式中，企业与农户之间实质上还是一种买卖关系，没有形成紧密的经济利益共同体，甚至还存在经济利益纷争。由于农户与公司之间实力悬殊，不是完全平等的

市场关系，又缺少其他力量予以平衡，导致这一模式在操作过程中稍有不慎，就容易暴露出其与生俱来的缺陷，即农户在生产经营过程中没有话语权、自主意志得不到体现，农户与公司的权责不对等，签订的合同有时有失公允，甚至利益分配主要由公司决定、向公司倾斜等，这些都势必影响到这一模式的实际效果。

（二）合作社+农户

“合作社+农户”的组织模式目前在主产区成为发展的主流，并逐渐发挥越来越大的作用。我们前面介绍的浙江省嵊州市毛兔合作社就是一个典型的例子。他们在帮助养殖户统一采购原料、统一提供技术服务、统一销售兔产品等方面做出了很大的贡献。

（三）市场+农户

“市场+农户”模式的特点是以专业市场或专业交易中心为依托，与农户直接沟通，以合同形式或联合体形式等方式将农户纳入市场体系，实现产—加—销一体化经营，从而拓宽商品流通渠道，带动区域专业化生产，扩大生产规模，从而形成产业优势。“市场+农户”模式是现代农业产业化的重要特征。“市场+农户”模式随着市场范围的扩大，市场的力量超越了行政力量划定的区域，形成了区域之间的有机分工和协调。从全社会的角度而言，社会资源在市场的作用下得到了最优配置。同时，在每个区域的内部，围绕特定的农产品生产，产业内部的垂直分工不断深化，会出现专业的批发商、销售商、生产资料供应等，使得产业链不断延长，并将各环节通过市场建立联系，通过市场的协调耦合形成一套较为完整的产业组织体系，构建起“市场+农户”式的农业产业化模式。

（四）混合模式

混合模式是上述几种模式的不同组合，包括公司+合作社+农户、市场+合作社+农户等，在实际中各种模式丰富多样，适应了不同地区的实践，同时大大推进了兔产业的产业化发展。从发展趋势来看，通过合作社形式的模式，包括公司+合作社+农户或合作社+农户等，将是中国兔产业未来产业化发展的趋势。这主要是由我国分散的小规模的农户决定的，小规模的农户只有通过合作社联合起来，才能更好地适应大市场。

六、毛兔企业的经营管理

（一）管理模式

我国毛兔养殖企业的管理模式主要有两种，一是以中型规模兔场为主实行的承包经营模式，对员工规定明确的生产任务和制定具体的考核指标；二是大型企业实行以专业分工为基础的工厂化生产模式。工厂化生产方式利于统一供料、统一饲养、统一防疫、统一上市，便于统一管理和控制产品质量。随着科技水平的提升和配套设施的完善，以专业分工为基础的工厂化生产模式将是兔产业的发展趋势，但目前绝大多数仍是承包经营为主体的管理模式。

对于多数兔场而言，规模并不太大，受人员素质和管理能力的限制，主要以兔毛生产和种兔繁殖为目的，因此在管理中实行承包责任制较好。其基本管理方式为：发放基本工资，承包一定数量的繁殖母兔，承担此群兔的繁殖、饲养、免疫、消毒、清扫和剪毛等工作；管理中实行考核制度，规定每只母兔全年需上交商品兔数量，超过规定的指标，超过数量按只数给予奖励，如完成不了相应指标，差额部分每只兔在基本工资中扣除相应金额。这种管理模式的优点是：管理者不用天天布置具体的任务，每个承包人会对其承包的兔子精心管理，利于调动大家的积极性，提高经济效益。

（二）劳动定额

实行承包制要考虑一个饲养员的工作量。如果定额过大，往往管理不到位，效益不高。但如果定额太低，劳动效率低下，对于饲养人员和企业都是一种资源的浪费。定额要根据兔场的硬件和软件条件、饲养人员的技术水平决定。根据我国目前多数兔场的实际情况，一般来说，1 个饲养员可以饲养种兔 180～200 只，生产群（产毛兔群）500 只左右。如果不负责剪毛，可以管理生产群 1 500 只。考虑到生产中每个饲养员的具体情况，最好采取劳动组合的形式，2 人一个组合，以夫妻组合最佳。根据每个饲养员或组合上交的产品（兔毛和后备兔）数量和质量（制定质量标准，根据市场价格）付款。当然，养殖过程中的一切消耗（主要是饲料、药品、水电费）由饲养员承担。这种管理方式体现多劳多得的原则，利于调动各自的积极性和创造性。

（三）财务管理

财务管理的目的就是降低生产成本，提高资金的使用率，增加经济效益。兔场的财务管理首先要明确生产中成本的构成和收入的来源；其次是分析不同成本的所占比例及变化情况，寻求资产和资金的最佳配置；再次是科学核算不同阶段兔的成本及影响因素，做好相应的控制；最后加强经费管理，配置好流动资金，分配好支出项目，加速销售商品的资金回笼。同时，应该形成记账（包括资金投入、物资、设备、人力的投入）习惯，以便于查账、核算和总结以及收入变动的检查等。

要清楚兔场的生产成本是指与兔产品生产有关的直接、间接费用。直接费用是为了家兔及兔产品生产而直接消耗的材料和人工费用，如饲料费、医药费、燃料动力费、低值易耗品、修理费等直接材料费，职工工资和福利等直接人工费，固定资产折旧、种兔摊销等固定成本的摊销费;间接费用则是用于组织生产经营管理人员的工资福利及生产经营中的水电费、办公费、维修费、运输费等,与家兔及兔产品生产相关但不直接计入产品成本的费用。

固定资产折旧费和种兔摊销费计算公式如下:

固定资产年折旧费=固定资产投资总额÷固定资产使用年限

种兔年摊销费=(种兔原值−种兔残值)÷种兔使用年限

(四)成本核算

成本核算是对生产销售中所发生的费用进行记录、计算、分析和考核的会计过程。其步骤为:一是确定核算的具体对象,一般在生产中可把家兔按年龄分为种兔、后备兔、产毛兔等群体;二是根据对象明确成本开支范围和核算的具体项目,计算各部分支出的费用并把其全部归集;三是计算总成本,为直接费用、间接费用之和;四是建立明细账和计算表,分析各个项目、各个时期开支情况和变动状况。

(五)成本控制

兔场生产的成本控制包括种兔的成本控制和产毛兔的成本控制两部分。

1. **种公兔成本控制**　一是依据基础母兔控制合理的种公兔群体量,数量过大,浪费资源,增加饲养成本;数量过少,不能满足配种需求,增加空怀期母兔数量,同样增加饲养成本。二是合理更新,精心饲养,选择优良公兔作为种兔,淘汰性欲不好、配种结果不理想、精液质量较差、年龄偏大的种公兔,确保所有种公兔能配种使用,提高利用率。三是根据是否处于配种期及时调整饲料配方。

2. **母兔成本控制**　一是要充分利用母兔繁殖周期,减少空怀时间,提高年产仔窝数。二是选强淘弱,对于母性不好、泌乳力较低、连续多窝产仔数偏低、不易受胎、个体偏小、具有遗传疾病或繁

殖疾病、后代表现不良的母兔及时淘汰。三是根据繁殖所处的空怀期、妊娠期、哺乳期等不同阶段，及夏季与其他季节不同营养需求合理调整饲料配方，避免饲料营养不足或浪费，以降低生产成本。

3. **产毛兔成本控制** 主要以产毛量和产毛质量来衡量生产水平。成本控制中主要做好：一是引进优质品种。在同等管理水平、饲料消耗前提下，良种的产毛量明显高于一般品种，可显著增加经济效益，间接降低了生产成本。二是加强饲养管理，做好防疫工作，减少发病率和药物开支。三是加强营养调控，促进被毛生长。四是根据地区气候特点，合理安排剪毛周期，及时剪毛增加产毛量。五是加强饲料和疫苗、兽药的管理。生产中避免饲料霉变或被老鼠吃掉浪费，根据实际需要选择使用疫苗、兽药，避免既浪费钱又增加工作时间。六是调动员工积极性，增加个人饲养量，减少兔场用人总数。

4. **饲料成本控制** 饲料费用占毛兔养殖成本的70%左右，要降低饲料成本，一是根据家兔生理阶段和生产性能科学配制，提高饲料利用率；二是充分开发当地非常规饲料资源，减少对外来调运饲料的依赖程度，有效降低饲料成本；三是在条件允许的情况下，采取草料结合的饲喂方式，在应用颗粒饲料的基础上，采集一些青绿饲料来搭配使用，既能提高母兔的繁殖性能，又能降低饲养直接成本，减少消化道疾病的发生；四是根据季节和繁殖周期适时调整营养配方和饲喂量；五是加强对饲槽的改革和加料的控制，防止兔子扒料造成的无谓浪费。同时，及时清理饲槽，防止底部饲料粉末聚集霉变。

5. **其他成本控制** 减少非生产人员的数量和非生产开支；减少水、电、暖、车辆等的费用，避免浪费；加强兔舍和笼具的使用和管理，控制空置率；加强企业和产品的宣传和销售，尽量加快资金周转，减少产品积压；在条件允许的情况下，实行循环养殖和产品的综合利用(如兔粪生产有机肥销售或种植蔬菜),增加企业综合效益,缓解单一经营的风险压力。

七、毛兔产业致富案例

河北省保定市涞水县是太行山连片特困地区,赵各庄镇白涧村作为涞水县贫困程度最严重的一块区域,既不靠近主干道,也不靠近景区,自然条件处于劣势,是扶贫工作的重点区域。截止到2012年,白涧村虽然只有644户1 800多人,但贫困户就有557户1 400多人。

“十二五”以来,河北省把扶贫开发作为战略任务来抓,坚持把脱贫致富作为贫困地区党委政府的主要任期目标,把产业扶贫作为主攻方向。涞水县是河北省环首都扶贫攻坚示范区重点县,近年来省委选派了多个扶贫工作队到涞水县开展驻村工作,县政府把扶贫工作摆在非常重要的地位,提出了“六化”发展方针,即扶贫对象合作化、扶贫产业园区化、扶贫资金资本化(加入合作社变成入股资金)、扶贫主体多元化、扶贫机制长效化、扶贫措施精准化。

借助全省扶贫攻坚战的机遇,在驻村扶贫工作队的指导下,白涧村党支部书记刘文清带领村干部、党员和群众代表赴山东、河南、浙江等多地考察,并和村干部反复讨论,最终确定开发长毛兔养殖这一投资少、风险小、周期短、见效快的项目。2013年4月,刘文清自己筹资、镇领导帮助协调贷款,经过3个多月的努力,于当年7月筹资500万元成立了鑫汇长毛兔良种繁育基地,引进优良品种2 500只,在三佑坨山顶建设了鑫汇长毛兔养殖园区,养殖园由废弃的砖窑改建而成,有32栋标准化兔舍,笼位达到了11 500个。当地政府给每个贫困户一组(一公两母)长毛兔,由鑫汇长毛兔养殖园区统一养殖、统一销售,贫困户报名去园区打工,

选出 32 名贫困户管理兔舍，每月工资 1 800 元，使贫困户既改善了生活，又学会了养殖技术。1 年后，学会养殖技术的贫困户回家自己发展，换下一批贫困户进来学习。

涞水县扶贫办开展的长毛兔股份合作制，为白涧村的精准扶贫开发注入了一针“强心剂”。2014 年 4 月 30 日，由白涧村党支部书记刘文清等 5 人发起成立了“涞水县白涧长毛兔扶贫产业农民专业合作社”，合作社采取“六统一”的管理模式，即由专业技术人员统一管理、统一防疫、统一供种、统一配种、统一饲料、统一回收。合作社对全村每户贫困户建档立卡，贫困户到户扶贫资金通过股金形式入股合作社，由合作社组织规划统一使用，并建立资金使用台账，每户入股 300 元，年终保底分红，实现了全村建档立卡贫困户长效受益。这样既有利于促进贫困村主导产业发展和有效实施精准扶贫工作，又符合了“资本到户、权益到户、效益到户”的扶贫资金使用要求。2014 年、2015 年每人每年分别获得分红 350 元、400 元。

到 2015 年，3 年时间该村贫困户就从 2012 年的 557 户减少到 140 户，贫困人口从 1 400 多人降到 296 人，2015 年仅长毛兔一项纯收入就达 60 多万元。2016 年，国务院扶贫办投入 1 600 万元扶贫资金，在赵各庄镇占地约 3. 33 公顷(50 亩)，新建一座大型标准化长毛兔养殖园区，保定市扶贫办组织河北农业大学家兔养殖科研团队为当地养兔合作社提供技术支持，有效拉动了当地长毛兔产业化发展。

白涧村是涞水县山区开发的一个缩影，扶贫工作以山场开发和规模养殖为主，截止 2015 年，涞水县贫困地区共成立了 18 个长毛兔养殖合作社，长毛兔养殖成为了当地脱贫致富的主导产业之一。以白涧村为代表的一批贫困村正在经历着脱贫致富的“蝶变”。

第二章 兔场设计与兔舍建筑

一、毛兔对环境的基本要求

兔舍环境对长毛兔的生长、繁殖、产毛有密切关系。影响兔舍环境的因素很多,如温度、湿度、通风、光照、噪声、粉尘及绿化等。

(一)温　度

长毛兔因汗腺极不发达,体表又有浓密的被毛,所以对环境温度非常敏感。家兔适宜的环境温度为:初生仔兔 30℃~32℃,幼兔 18℃~21℃,成年兔 10℃~25℃;临界温度 5℃和 30℃。长毛兔对低温有较强的耐受力,健康兔在-20℃~-39℃环境条件下仍能生存,不会冻死。不过为维持体温,需消耗较多营养,如不能满足所需营养,则对产毛、增重和繁殖都有明显影响。据试验,长毛兔采毛前后对环境温度的要求差别较大。采毛前因被毛长密,体热散失少;采毛后因体表毛短,体热放散可增加 30%以上。所以,寒冷季节采毛后必须做好保温工作,以防感冒。但在采毛 4 周后,可保持环境温度在 5℃~15℃,以利促进兔毛生长,提高兔毛产量。

(二)湿　度

家兔是较耐湿的动物,尤其是在20℃~25℃时,对高湿度空气有较强的耐受力。但长毛兔喜干燥环境,最适宜的空气相对湿度为60%~65%,一般不应低于55%或高于70%。高温高湿和低温高湿环境对长毛兔均有不良影响,既不利于夏季散热,也不利于冬季保暖,还容易感染体内外寄生虫病等。生产实践表明,空气湿度过大,常会导致笼舍潮湿不堪,污染被毛,影响兔毛质量;有利于细菌、寄生虫繁殖,引起疥癣、湿疹蔓延。反之,兔舍空气过于干燥,长期湿度过低,同样可导致被毛粗糙,兔毛质量下降;引起呼吸道黏膜干裂,而招致细菌、病毒感染等。鉴于上述情况,兔舍内湿度应尽量保持稳定。长毛兔排出的粪尿、呼出的水蒸气、冲洗地面的水分是导致兔舍湿度升高的主要原因。为降低舍内的湿度,可以加强通风,或撒生石灰、草木灰等,冬季供暖、夏季通风都是缓解高湿、排除多余湿气的有效途径。

(三)通　风

通风是调节兔舍温湿度的好方法。通风还可排除兔舍内的污浊气体、灰尘和过多的水汽,能有效地降低呼吸道疾病的发病率。长毛兔排出的粪尿及污染的垫草,在一定温度条件下可分解散发出氨、硫化氢、二氧化碳等有害气体。长毛兔是非常敏感的动物,对有害气体的耐受量比其他动物低,当长毛兔处于高浓度的有害气体环境条件下,极易引起呼吸道疾病,加剧巴氏杆菌病、流行性感冒等的蔓延。

通风方式,一般可分为自然通风和机械通风两种。小型兔场常用自然通风方式,利用门窗的空气对流或屋顶的排气孔和进气孔进行调节。大中型兔场常采用抽气式或送气式的机械通风,这种方式多用于炎热的夏季,是自然通风的辅助形式。但是,对兔舍内通的风量和风速必须加以控制,风速不能超过 0.5 米/秒,适宜风速夏季为 0.4 米/秒,冬季为 0.1~0.2 米/秒。应强调的是兔舍内应严防贼风的侵袭。

(四)光 照

家兔对光照的反应没有像对温度、湿度和有害气体敏感,但光照对长毛兔的生理功能有着重要的调节作用。适宜的光照有助于增强长毛兔的新陈代谢,增进食欲,促进钙、磷的代谢作用;光照不足则可导致长毛兔的性欲和受胎率下降。此外,光照还具有杀菌、保持兔舍干燥和预防疾病等作用。生产实践表明,公、母兔对光照要求是不同的。一般而言,繁殖母兔要求长光照,以每天光照 14~16 小时为好,表现为受胎率高,产仔数多,可获得最佳的繁殖效果;种公兔在长光照条件下,则精液质量下降,而以每天光照 10~12 小时效果最好。目前,小型兔场一般采用自然光照,兔舍门窗的采光面积应占地面的 15%左右,但要避免太阳光的直接照射;大中型兔场,尤其是集约化兔场多采用人工光照或人工补充光照,光源以白炽灯较好,每平方米地面 3~4 瓦。

(五)噪 声

家兔胆小怕惊,突然的噪声可引起妊娠母兔流产,哺乳母兔拒绝哺乳,甚至残食仔兔等严重后果。保持安静的环境是养兔的一个基本原则。在建造兔场时应将环境的噪声作为重要的因素去考虑,要求环境的噪声在 85 分贝以下。兔场噪声的来源主要有 3 方面:一是外界传入的声音;二是舍内机械、操作产生的声音;三是长毛兔自身产生的采食、走动和争斗声音。长毛兔如遇突然的噪声就会惊慌失措,乱蹦乱跳,蹬足嘶叫,导致食欲不振甚至死亡等。为了减少噪声,兴建兔舍一定要远离高噪音区,如公路、铁路、工矿企业等,尽可能避免外界噪声的干扰;饲养管理操作要轻、稳,尽量保持兔舍的安静；饲养区不允许汽车、拖拉机驶入，饲料加工车间也要远离兔舍；兔场不养狗、猫等动物。

（六）粉　尘

空气中的粉尘主要有风吹起的干燥尘土和饲养管理工作中产生的大量粉尘，如打扫地面、翻动垫草、分发干草和饲料等。粉尘对长毛兔的健康和兔毛质量有着直接影响。粉尘降落到兔体体表，可与皮脂腺分泌物、兔毛、皮屑等黏混一起而妨碍皮肤的正常代谢，影响兔毛质量；灰尘吸入体内还可引起呼吸道疾病，如肺炎、支气管炎等；粉尘还可吸附空气中的水汽、有毒气体和有害微生物，产生各种过敏反应，甚至感染多种传染性疾病。为了减少兔舍空气中的粉尘含量，应注意饲养管理的操作程序，防止扬起灰尘；干燥季节可适当喷雾（结合消毒最好），降低粉尘的产生；保证兔舍通风性能良好。

（七）绿　化

绿化具有明显的调温、调湿、净化空气、防风防沙和美化环境等重要作用。特别是阔叶树，夏天能遮阴，冬天可挡风，具有改善兔舍小气候的重要作用。根据生产实践，绿化工作搞得好的兔场，夏季可降温3℃～5℃，空气相对湿度可提高20%～30%。绿化可以使尘埃减少35%～67%；使细菌减少22%～79%。因此，兔场四周应尽可能种植防护林带，场内也应大量植树，一切空地均应种植作物、牧草或绿化草地。

二、兔场的规划与设计

(一)兔场的选址

兔场场址的选择、兔场的建设,应当根据家兔的生物学特性、兔场的经营方式、生产特点、生产的集约化程度及掌握资金的情况等特点,结合当地的地势、地形、土质、水源、交通、电力及社会联系等实际情况,因地制宜灵活规划。

1. **地势及地形** 兔场场址应选择建在地势高燥、地下水位低处。地势高,空气流动畅通,减少病菌聚集,并可避免雨季洪水的威胁;干燥,符合家兔喜干燥、厌潮湿的生物学特性,潮湿环境容易孳生病原微生物,特别是寄生虫如疥螨、球虫等,空气流通不畅,影响家兔体温调节,同时还将严重影响兔场建筑物的使用年限;兔场地下水位应在 2 米以下,以减少土壤中毛细管水上升造成的潮湿。

兔场应建在平坦宽阔、有适当坡度(1%~3%为宜)、排水良好的地方。避开地势低洼、排水不良的地方,也不可建在山坳处,因为这些地方空气流通不畅、污浊,容易造成疫病流行。地势要背风向阳,背风能在冬、春季节减少风雪侵袭;向阳有利于兔场保持相对稳定的温热环境,并且保证家兔一定的光照时间。

兔场要平整、紧凑,不应过于狭长或不规则,以减少道路、管道和线路的长度,便于管理。灵活运用天然地形作为场界和天然屏障。

2. **面积** 兔场面积应根据经营方式、生产特点、饲养规模、集约化程度而定。在保证顺利生产的前提下,既要节约成本,减少投资,又要为今后发展保留空间。1 只基础母兔及其仔兔约占建筑面积 0.8 米^2,一般建筑系数按 15%计算,所以 1 只基础母兔规划占地 5~6 米^2。

3. 水源及水质　兔场的需水量很大，包括家兔饮水、兔舍兔笼清洁用水、消毒用水及生活用水等。所以，建设兔场必须保证有足够的水源。

兔场水源可分为 3 大类：第一类为地面水，包括江河水、湖泊水、水库水等；第二类为地下水；第三类为降水，指雨、雪、雹水。兔场较理想的水源是泉水、自来水和卫生达标的深井水；江河湖泊中的流动活水，只要未受生活污水及工业废水的污染，稍净化和消毒处理，也可作为生产生活用水；最次为池塘水。

兔场水源的水质直接影响家兔和人员的健康，家兔消化系统极其脆弱，水质达不到卫生标准，极易感染消化道疾病，成为家兔生产的一大隐患，因而水质也应作为兔场场址选择的考虑因素。兔场生产和生活用水应清洁无异味，不含过多的杂质、细菌和寄生虫，不含腐败有毒物质，矿物质含量不应过多或不足，具体指标见表 2-1（参考行业标准《无公害食品　畜禽饮用水水质》NY 5027—2008）。

表 2-1　畜禽饮用水水质安全指标

<table>
<tr><th colspan="3" rowspan="2">项　目</th><th colspan="2">标准值</th></tr>
<tr><th>畜</th><th>禽</th></tr>
<tr><td rowspan="9">感官性状及一般化学指标</td><td>色（°）</td><td>≤</td><td colspan="2">色度不超过 30°</td></tr>
<tr><td>浑浊度（°）</td><td>≤</td><td colspan="2">不超过 20°</td></tr>
<tr><td>臭和味</td><td>≤</td><td colspan="2">不得有异臭、异味</td></tr>
<tr><td>肉眼可见物</td><td>≤</td><td colspan="2">不得含有</td></tr>
<tr><td>总硬度（以 $CaCO_3$ 计）（毫克/升）</td><td>≤</td><td colspan="2">1500</td></tr>
<tr><td>pH</td><td></td><td>5. 5~9</td><td>6. 5~8. 5</td></tr>
<tr><td>溶解性总固体（毫克/升）</td><td>≤</td><td>4000</td><td>2000</td></tr>
<tr><td>氯化物（以 Cl^- 计）（毫克/升）</td><td>≤</td><td>1000</td><td>250</td></tr>
<tr><td>硫酸盐（以 SO_4^{2-} 计）（毫克/升）</td><td>≤</td><td>500</td><td>250</td></tr>
</table>

续表 2-1

项　目			标准值	
			畜	禽
细菌学指标	总大肠菌群(个/100 毫升)	≤	成年畜 100,幼畜和禽 10	
毒理学指标	氟化物(以 F^- 计)(毫克/升)	≤	2.0	2.0
	氰化物(毫克/升)	≤	0.2	0.05
	总砷(毫克/升)	≤	0.2	0.2
	总汞(毫克/升)	≤	0.01	0.001
	铅(毫克/升)	≤	0.1	0.1
	铬(六价)(毫克/升)	≤	0.1	0.05
	镉(毫克/升)	≤	0.05	0.01
	硝酸盐(以 N 计)(毫克/升)	≤	10	3

4. 土质　土壤的透气性、吸湿性、毛细管特性、抗压性以及土壤中的化学成分都应作为兔场场地的考虑依据。

黏土透气、透水性差,吸湿性强。被家兔粪尿或其他污染物污染后,容易在厌氧条件下分解,产生有害气体如氨、硫化氢等,使场区空气受到污染;遇到阴雨天气,地面潮湿易造成病原微生物、蝇蛆的孳生和蔓延,威胁毛兔健康;另外,潮湿土壤不及时改善,会影响建筑物地基,缩短其使用寿命。

沙土透气、透水性强,吸湿性小,毛细管作用弱,易于保持干燥。透气性好,耗氧微生物活动占优势,促进有机物分解。但沙土的导热性大、热容量小,造成兔场昼夜温差大,也不适合用于建造兔场。

兔场用地最好是沙质壤土。这类土壤透水性强,能保持干燥,导热性小,有良好的保温性能,有利于防止病原菌、寄生虫卵的生存和繁殖,有利于土壤本身净化,可为兔群提供良好的生活条件。

土壤的颗粒较大，强度大，承受压力大，透水性强，饱和力差，在结冰时不会膨胀，能满足建筑要求。这种土壤由于空气和水分的矛盾比较协调，也是植物生长的良好土壤，常用作农田。故在选择兔场土壤时，要根据当地的客观条件，平衡各方面因素，尽量选择较理想的土壤，并在兔舍的设计、施工、使用和日常管理上弥补二壤的不足。

5. 交通及电力　兔场尤其是大型兔场建成投产后，物流量大，如饲料、草料等物资的运进，兔产品和粪肥的运出等，这就要求兔场与外界交通方便，否则会给生产和工作带来困难，甚至会增加兔场的开支，但又要与公路、铁路、村庄保持一定距离。一方面，家兔胆小怕惊，建场时必须选择僻静处，远离工矿企业、交通要道、闹市区及其他动物养殖场等；另一方面，家兔生产过程中形成的有害气体及排泄物会对大气和地下水产生污染，并且其抗病力差，易感染多种疾病。从卫生防疫角度出发，兔场距交通主干道应在 300 米以上，距一般道路 100 米以上，以便形成卫生缓冲带。兔场与居民区之间应有 200 米以上的间距，并且处在居民区的下风口，尽量避免兔场成为周围居民区的污染源。

兔场的集约化程度越高，对电力的依赖性越强。照明、通风换气甚至清粪等，都需要电力消耗，尤其全进全出式全封闭兔舍。所以，兔场选址时一定要保证充足的电力供应。

（二）兔场的设计及布局

1. 兔场的分区设计　一定规模的集约化兔场，分区设计很重要。一般分成生产区、管理区、生活区和兽医隔离区 4 个部分。

（1）生产区　是兔场的核心部分。内部包括种兔舍（种公兔舍和种母兔舍）、繁殖舍、育成舍、幼兔舍和育肥舍。核心群种兔舍在环境最佳的位置，紧邻繁殖舍和育成舍，以便转群。幼兔舍和育肥舍选择靠近兔场出口，以便出售种兔或商品兔，并尽可能避免运料路线与运粪路线的交叉。

(2)管理区 主要有饲料仓库、饲料加工车间、干草库、水电房、维修间等。饲料原料仓库和饲料加工间应靠近饲料成品间，便于生产操作；饲料成品间与生产区应保持一定距离，以免污染，但又不能太远，以免增加生产人员的工作强度。

(3)生活区 包括办公室、接待室等办公用地及职工宿舍、食堂等生活设施。应在生产区的上风向，也可以与其平行。考虑到工作方便和兽医隔离，生活区与生产区既要保持一定距离，又不能离太远。办公室、接待室应尽可能靠近大门口，使对外交流更加方便，也减少对生产区的直接干扰。

(4)兽医隔离区 包括兽医诊断室、病兔隔离室、无害化处理室、蓄粪池和污水处理池等。该区是病兔、污物集中之地，是卫生防疫、环境保护工作的重点。由于经常接触病原体，所以该区应设在兔场的下风向处，并与生产区保持一定距离，以防疫病传播。隔离区应单独设出入口，出入口处设置长不小于运输车车轮一周半、宽度与大门相同的消毒池，旁边设置人员消毒更衣间。

2. 兔场的布局

(1)兔场布局的一般原则 兔场的布局应当依据兔场兔群的规模、经营特点、饲养管理方式、机械化水平等条件，本着人、兔健康的目的合理安排兔场的总体布局。重点是合理安排地势、风向、建筑物面积等因素。首先，生活区应在兔场的上风向、地势较高位置，生产区与生活区并列排列并处偏下风位置，兽医隔离区在整个兔场的下风向处；其次，根据当地的常年风向选择生产区建筑的排列方向。

(2)兔舍的朝向、排列与间距 兔舍朝向多根据太阳光照、当地主导风向来确定。一方面，我国位于北半球，冬季太阳高度角小，夏季太阳高度角大。采用坐北朝南形式，冬季阳光容易射入舍内，既可增加温度，又可防止夏季暴晒，保证温度和采光的要求。

另一方面,我国大部分地区,夏季以东南风为主,冬季以西北风为主,坐北朝南利于夏季通风,冬季保温。另外,可根据当地的地形、通风等条件,偏东或偏西调整一定角度则更合适。

需要注意的是,以上仅是对单栋兔舍的考虑。多栋兔舍平行排列情况下,无论采光还是通风,后排兔舍势必受到前排兔舍的影响。一般间距在舍高的 4~5 倍时,才能保证后排兔舍正常通风,但这种方法占地面积太大,实际生产中很难达到,最有效可行的办法是使兔舍长轴与当地主导风向成 30°~60°角,既可明显缩短间距又可保证最佳通风条件。

一般情况下,兔舍间距不应少于兔舍高的 1.5~2 倍,以利于通风透气和预防疫病传播。

(3)道路　场区道路是联系场区与外界、场区内建筑物间的桥梁。在规划设计时,要求直线道路,保证建筑物之间最便捷的联系;尽量避免建设水泥路,以防夏季反热;路面坚实,有一定弧度,排水良好。

道路宽度根据场内车辆流量而定,主干道连接场区与场外运输道、场内各分区之间要保证顺利错车,宽度在 5~6 米,支干道主要连接各分区内的建筑物,宽度在 2~3 米。

场内道路分运输饲料、产品的清洁道与运输粪便和病、死兔的污染道。清洁道与污染道不能通用、交叉,兽医隔离区要有单独道路,以保证兔场有效防疫。

(4)场区绿化　场区内绿化,不仅美化环境、减少噪声、防火防疫,还能够改善小气候。场区种植树木和草地,可阻挡和吸收太阳的直接辐射,利于进行光合、蒸腾作用,从而改善空气质量,降低温度,增加湿度。另外,植物可减少空气中灰尘含量,细菌失去附着物,因而数目减少。

场界周边种植乔木、灌木混合林带;场区之间设隔离林带分隔场内各区,宜种植树干高、树冠大的乔木,株间距稍大;在靠近建筑

物的采光地段，不宜种植枝叶过密、过于高大的树种，以免影响采光，树冠大、枝条长通风较好的树木如柿树、桃树、枣树等最佳。

三、兔场建设

兔舍是家兔生存的主要空间，家兔的采食、饮水、排泄等生命活动都是在兔舍中进行的。因而兔舍建造合理与否直接关系到家兔的健康、生产性能，甚至兔场的经济效益。兔舍建造的目的主要有以下几点：首先，根据家兔的生物学特性，进行有效的环境控制，为家兔提供适宜的温度、湿度、通风、采光等条件，保证家兔健康地生长和繁殖，有效地提高其产品的数量和质量；其次，建造兔舍便于进行集约化饲养管理，从而提高劳动生产效率。一旦出现疫病，能够及时控制在最小范围内，减少经济损失；再次，兔舍建筑为经营者的长期发展和投资回报保驾护航。

（一）兔舍建造要求

1. 符合家兔的生物学特性 建造兔舍首先要了解家兔的生物学特性，有的放矢地满足其生活习性。家兔喜干燥厌潮湿，兔舍应建在地势高处，如果地势低洼需垫高地基，并在四周开好排水沟。最好做成水泥地面，这样既能保持干燥的环境，又便于打扫和消毒；家兔有啮齿行为，要求笼舍选用耐啃咬材料；家兔耐寒怕热，兔舍要空气流通，光线充足，冬季易保温，夏季通风良好。

2. 利于提高生产效率 兔舍是家兔生命活动的主要环境，同时也是养殖人员进行饲养管理活动的重要场所。建筑兔舍时应力求适宜家兔生长、便于工作人员操作、满足家兔不同饲养目的的生产流程。一般情况下，兔笼多为 1～3 层，舍内兔笼前檐高 45～50 厘米，层数过多或前檐过高会给饲养管理带来难度，很容易对人、兔造成伤害；兔舍内过道不宜过窄，一些养殖户为了多容纳兔笼，将兔舍内过道修建得过窄。这样,不仅给饲喂、管理、清粪造成不便,影响通风、采光,还会使饲养密度大,场内污浊,氨气味很浓,兔子呼吸道疾病严重,得不偿失。

3. **考虑投入产出比**　建造兔舍应充分考虑投入产出比。根据饲养规模、饲养目的、饲养水平、地域条件制定合理的投资规模,尽量早日收回成本。一般而言,小型兔场1~2年,中型兔场2~4年,大型兔场4~6年应全部收回投资。因此,在兔舍形式、结构设计、施工时,力求因地制宜,就地取材,注重经济实用,科学合理;同时,兔舍设计还应结合经营者的发展规划和设想,为以后的长期发展留有余地。

(二)兔舍类型

气候条件和经济发展情况不同,兔舍的建筑形式也不相同。即使同一地区,不同饲养目的、饲养方式、饲养规模以及经济能力,都会使兔舍建筑形式和结构有所差异。所以,修建兔舍时应根据自然条件、经营特点及发展方向,选择适合自己的兔舍类型。以下介绍几种较典型的兔舍建筑形式,供参考。

1. **按墙的结构和窗的有无划分**

(1)棚式兔舍　又叫敞棚式兔舍。四面无墙,屋顶多建成双坡式,靠木或水泥做成的屋柱支撑。根据生产和实际情况设单列兔笼或双列兔笼。这种兔舍通风透气性良好,光照充足,造价低,投产快。但由于该舍只能起遮风挡雨的作用,不能防兽害,无法进行环境控制,因而只适用于冬季不结冰地区,或小规模季节性生产。

(2)开放式兔舍　开放式兔舍正面无墙,敞开或设铁丝网,其余三面墙与顶相连。这种设计利于空气流通,减少呼吸道疾病,光照充足,造价低,投产快。冬季保温性差,可在舍外加封塑料膜或挂棉门帘,但应注意协调通风透光与保温之间的矛盾。棉门帘保温性优于塑料膜,但透光性差,影响采光。此外,开放式兔舍不利于环境控制,不利于防兽害,只适用于中小规模兔场。

(3)半开放式兔舍 半开放式兔舍正面设半截墙,上半部分安装铁丝网,其余三面墙与顶相连。这种设计具有通风、透光性好,投资少,管理方便,一定程度上防兽害的优点。冬季可在敞开部分加封塑料膜,注意兼顾保温和通风透光。但是不利于环境控制,仅适用于四季温暖地区的中小规模兔场。

(4)封闭舍 封闭舍是我国养兔业应用最为广泛的一种兔舍建筑形式,由于其封闭式设计,兔舍能够有效保温、隔热,可采用熏蒸消毒,便于进行环境控制。主要包括有窗舍和无窗舍两种形式。

①有窗舍 四面设墙,与屋顶相连,南北墙留有窗户。通风换气主要靠门、窗、通风管完成,为提高通风透光性可在南墙设立式窗户,北墙设双层水平窗户。但是,粪尿沟设在舍内,粪尿分解产物会使舍内有害气体浓度升高,家兔呼吸道疾病、眼疾增加,尤其在冬季情况严重(图2-1)。

图2-1 封闭舍示意图

②无窗舍 又叫环境控制舍。不留窗户(或设应急窗,平时不使用),舍内温度、湿度、光照等小气候完全由特殊装置自动调

节，兔群周转实行全进全出制，便于管理，能够有效控制疾病。但是需要科学的管理、周密的生产计划，而且对建筑物及机械设备要求很高，对电力依赖性强（图 2-2）。

图 2-2　无窗舍实景图

2. 按兔笼的排列形式划分

（1）单列式兔舍　单列式兔舍一般坐北朝南，中央沿纵轴方向布置一列 2~4 层重叠式兔笼。兔笼南面留 1.5 米左右过道，为饲喂、管理通道；北面留 1 米左右清粪通道。南、北墙上均开窗户，但南墙上的窗户略大，便于通风、采光。单列式兔舍饲养密度小，疾病发生少，但不利于保温，兔舍的利用率较低。

（2）双列式兔舍　双列式兔舍即沿兔舍纵轴方向设置两列兔笼。可以两列兔笼背靠背排列在兔舍中央，中间共用一条清粪沟，靠近南、北墙各留一条喂料通道；或者两列兔笼面对面排列在兔舍两侧，中间为喂料通道，靠近南、北墙各留一条清粪通道。前者便于清粪，后者便于饲喂及日常管理。双列式兔笼较单列式空间利用率提高，但应注意控制冬季有害气体浓度。

（3）多列式兔舍　多列式兔舍指沿兔舍纵轴方向放置三列或三列以上兔笼的兔舍。兔笼以单层或双层重叠为宜，否则将影响阴面兔笼的采光及通风。这种兔舍饲养密度大，空间利用率高，适合集约化饲养。但通风不良会使舍内有害气体浓度升高，湿度增大；并且，兔舍中放置多列兔笼无疑会使兔舍跨度增大，对建筑物的要求提高。

3. 其他形式

(1) 地下舍 地下舍是根据家兔的生物学特性，利用地下温度较高且稳定、外界环境干扰小等优点，在地下建造兔舍。地下舍形式有圆桶式地下舍、长沟式地下舍、长方形地下舍等，其共同特点是，温度适宜、稳定，冬暖夏凉，一年四季都可以进行生产；安静，光线暗，可有效降低外界环境对家兔造成的应激，母兔母性好。但由于建于地下，通风透光性差，环境湿度大，有害气体聚集，环境控制难度较大，而且清粪和喂料不方便。因此，地下舍仅适于高寒地区小规模饲养场。建筑地下舍要求选择地势高燥、地下水位低、土质好的地方，洞深应超过当地冻土层，舍顶高出地面，防止雨水倒灌，留出通气孔及排气装置。

(2) 室外笼舍 室外笼舍是兔笼和兔舍的统一体，即在室外用砖、石、水泥等砌成的笼舍合一结构。通常为两层或三层重叠，舍顶用石棉瓦或水泥预制板覆盖。室外笼舍通风透光性好，家兔很少发生疾病，而且造价低廉，牢固耐用。但温度、湿度很大程度上受外界环境的影响，不易进行环境控制，难以彻底消毒。

(3) 笼洞结合式笼舍 笼洞结合式兔舍是将兔笼建在靠山向阳处，紧贴笼后壁挖洞，使兔可以自由出入。笼内通风透光性好，洞内光线暗淡，安静，温度稳定、适宜，有利于家兔的生长，还可以节省大量基建费用。缺点是洞内通风不畅，湿度难控制，清理消毒不方便；家兔有打洞习性，容易逃走。适于干旱山区及半山区。

(4) 组装舍 组装舍即墙壁、门、窗都是可组装、拆卸的。夏季，可将其全部或部分拆卸，形成开放式、半开放式兔舍，保证其通风、散热；冬季，可将墙壁、门窗组装，形成封闭舍，保证兔舍温度的

控制。但反复拆卸对家兔有一定的影响,而且对于组装零件的质量要求较高,因而国内应用较少,仅在发达国家用于临时性兔场或移动性兔场。

四、兔笼及设备

(一)兔　笼

家兔的采食、排泄、运动、休息等全部生命活动都是在兔笼里进行的。笼具的结构、大小、形式等能够影响到家兔的正常生长发育及生产潜力的发挥。因此,兔场要根据家兔的品种、年龄、生产目的、管理水平及资金情况,科学合理地设计和制作兔笼,以期获得理想的经济效益。

1. 兔笼的设计要求

一是兔笼要符合家兔的生活习性。家兔属啮齿动物,需要不断啃咬硬物,防止牙齿的过度生长,所以要求兔笼耐啃咬。家兔喜干燥厌潮湿,要求兔笼耐腐蚀,通风透光性良好,易于清扫、消毒、保持干燥卫生。

二是兔笼规格和结构既适于家兔生长又便于人员管理。兔笼的大小要保证家兔能够自由活动,又不能太大,以免浪费空间;配置合理,便于人员操作。

三是兔笼距离地面的高度对家兔的成活率也有一定影响,距离地面越高,湿度越小,光照较好,通风越好,因此家兔的健康状况越佳,成活率越高;反之,越低。所以,在不影响工作人员操作的情况下,兔笼距离地面尽量高一些。

四是选材在保证坚固耐用的基础上尽量经济、低廉。

2. 兔笼的结构　一个完整的兔笼由笼体及附属设备组成。笼体由笼门、底网、侧网、笼顶及承粪板等组成。

（1）笼门 一般采用转轴式前开门、上开门或双开门，左右开启或上下开启，多为铁丝网、铁条、竹板或塑料等材料制作。笼门要设计合理、坚固耐用，并保证启闭方便，关闭严实，耐啃咬。草架、饲槽等附属设备均可挂在笼门上，以增加笼内活动空间，乳头式自动饮水器多安装在笼后壁或顶网上。尽量做到不开门喂食，以节省工时。

（2）底网 是兔笼最关键的部分。家兔几乎全部的活动都在底网上进行，底网的材质、网丝间隙、网孔大小、平整度都会影响到家兔的健康状况、生产性能的发挥以及兔笼的清理。一般底网的制作材料有竹板、金属焊丝和镀塑金属等。竹板底网经济实用，较耐啃咬，板条宽度一般为 2.5~3 厘米，能有效减少脚皮炎的发生，是兔场最常用的底板。但竹板底网制作时应注意将竹节锉平，边棱不留毛刺，钉头不外露，否则容易因为扎伤感染而引发脚皮炎；竹板间平行，防止卡腿而造成骨折；竹片钉制方向应与笼门垂直，以防兔脚打滑形成向两侧的划水姿势。金属焊丝底网耐啃咬，易清洗，但易腐蚀，网丝较细，饲养大型家兔易发生脚皮炎。镀塑金属底网，即在普通金属网表面镀一层塑料，较金属焊网柔软，能有效降低脚皮炎的发生，但造价高。底网间隙既要保证粪尿顺利漏出，又不能过宽出现卡脚，一般断奶后幼兔笼底网间隙为 1.0~1.1 厘米，成兔笼为 1.2~1.3 厘米。

（3）侧网及顶网 家庭兔场一般用水泥板或砖、石垒砌，能够将兔有效隔离，避免相互殴斗、咬毛，但通风透光性不及竹板条或网丝。无论何种材质，都要求平滑，防止损伤兔体或钩挂兔毛。网丝间距繁殖母兔为 2 厘米；大型兔或专为饲养幼兔、育肥兔、青年兔及产毛兔的兔笼，网丝间距为 3 厘米。

（4）承粪板 重叠式和部分重叠式兔笼需在底网下面安装承粪板，以免上层笼内家兔排出的粪尿、污物直接落入下层，造成污染。承粪板需呈前高后低式倾斜，坡度为 10%~15%，前沿超出下层笼壁 3 厘米,后沿超出 5~8 厘米。制作承粪板的材料种类很多,水泥预制板和石棉瓦承粪板耐腐蚀,造价低,但表面粗糙,重量大;镀锌铁皮承粪板表面光滑,但不耐腐蚀,造价高;玻璃钢承粪板耐腐蚀,光滑,轻便,但造价高;塑料承粪板耐腐蚀,表面光滑,轻便,但易老化,不耐火焰消毒,目前兔场多使用塑料承粪板。

(5)支撑架 兔笼组装时通常使用角铁作为支撑和连接的骨架。要求坚固,弹性小,不变形,重量较轻,耐腐蚀。

3. 兔笼类型 兔笼的形式多种多样。根据构建兔笼的主体材料不同,可分为木制或竹制兔笼、砖木混合结构兔笼、水泥预制件兔笼、金属兔笼和塑料兔笼等;根据组装、拆卸及移动的方便程度不同,可分为活动式和固定式 2 种。下面介绍一些常见的兔笼形式。

(1)按制作材料划分

①金属兔笼 主体结构由金属材料制作,通风透光性好,耐啃咬,易消毒,便于管理和观察,适合各种规模的家兔生产,是目前推广应用最广的兔笼。但容易锈蚀,金属底网导热性强,网丝细,大型家兔容易引发脚皮炎。因而,可以搭配竹板底网和塑料承粪板。

②砖、石、瓷砖、水泥制兔笼 兔笼主体由砖、石、瓷砖或者钢筋水泥构成,多与竹制底网和金属笼门搭配使用。这种兔笼坚固耐用、耐腐蚀、耐啃咬、耐多种方法消毒、造价低。但通风透光性差,难以彻底消毒,导热性强,保温性差。

③塑料兔笼 以塑料为原料,先用模具压制成单片零部件,然后组装而成,或一次压模成形。塑料兔笼轻便,易拆装,便于清洗和消毒,规格一致,便于运输,适用于大规模的家兔生产。但塑料容易老化,不耐啃咬,成本高,因而使用不很普遍。

(2)按兔笼组装排列方式划分

①平列式兔笼 兔笼全部排列在一个平面上,门多开在笼顶,可悬吊于屋顶,也可用支架支撑,粪尿直接流入笼下的粪沟内,不

需设承粪板。兔笼平列排列,饲养密度小,兔舍的利用率低。但管理方便,环境卫生好,透光性好,有害气体浓度低,适于饲养繁殖母兔,在规模化、集约化养殖的大环境下,使用并不普遍。

②重叠式兔笼 兔笼组装排列时,上、下层笼体完全重叠,层间设承粪板,一般2~3层。重叠式兔笼应确保上层不污染下层,兔粪、尿能顺利排走。这样,兔舍的利用率高,单位面积饲养密度大。但层数多了不足之处也很明显,以三层兔笼为例,底层离地面太近,湿度大,有害气体浓度高,家兔生长缓慢,清粪困难;第二、第三层笼底板距离承粪板太近,笼内空气质量不好;第三层位置偏高,操作不便;而且兔笼的温度和光照时间、强度不均匀,兔群整齐度差。

此外,还有一种新型重叠兔笼,不需要兔舍内设置排粪沟,粪尿排泄是通过笼底下方的接尿槽流向接粪盒里,这样既减少了清粪的工作环节,便于收粪,而且降低了环境污染(图2-3)。

③全阶梯式兔笼 兔笼组装排列时,上、下层笼体完全错开,粪便直接落入设在笼下的粪尿沟内,不设承粪板。饲养密度较平列式高,通风透光好,观察方便。由于层间完全错开,层间纵向距离大,上层笼管理不方便;同时,清粪也较困难。因此,全阶梯式兔笼最适于二层排列和机械化操作(图2-4)。

④半阶梯式兔笼 上、下层兔笼部分重叠,重叠部分设承粪板。因为缩短了层间兔笼的纵向距离,所以上层笼较全阶梯式易于观察和管理。半阶梯式兔笼较全阶梯式饲养密度大,兔舍的利用率高。它是介于全阶梯和重叠式兔笼中间的一种形式,既可手工操作,也适于机械化管理,是目前规模化兔场使用最广泛的兔笼类型(图2-5)。

4. 兔笼大小 兔笼的大小,应根据兔场性质、家兔品种、性别和环境条件,本着符合家兔的生物学特性、便于管理、成本较低的原则设计。兔笼过大,虽然有利于家兔的运动,但成本高,笼舍利用率低,管理也不方便。兔笼过小,密度过大,不利于家兔的活动,还会导致某些疾病的发生。

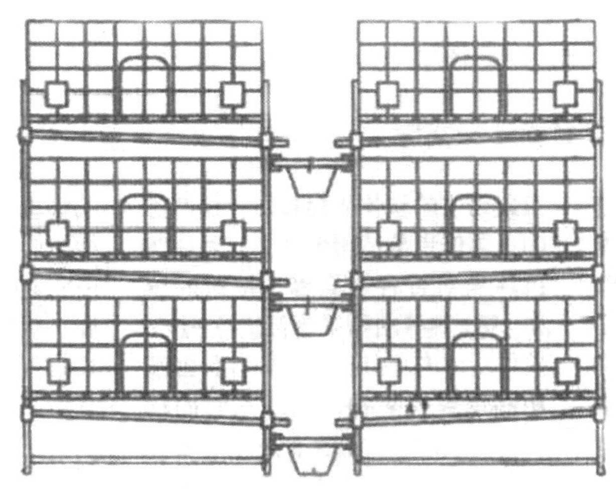

图 2-3　重叠式兔笼

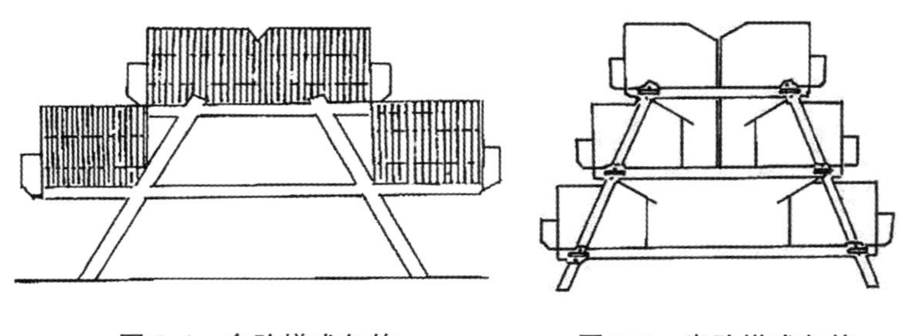

图 2-4　全阶梯式兔笼　　　图 2-5　半阶梯式兔笼

一般而言,种兔笼适当大些,育肥笼宜小些;炎热地区宜大,寒地带宜小。若以兔体长为标准,一般笼宽为体长的 1.5~2 倍,笼深为体长的 1.1~1.3 倍,笼高为体长的 0.8~1.2 倍。我国长毛兔养殖中,兔笼常见尺寸(宽×深×高)是:60 厘米×60 厘米×45 厘米或 70 厘米×70 厘米×50 厘米。参考国内外有关资料,结合我国家兔生产实际,介绍以下几种兔笼单笼规格,供参考(表 2-2,表 2-3)。

表 2-2　德国家兔笼规格

兔　别	体重(千克)	笼底面积(米^2)	宽×深×高(厘米)
种　兔	<4.0	0.2	40-50-30
种　兔	<5.5	0.3	50-60-35
种　兔	>5.5	0.4	55-75-40
育肥兔	<2.7	0.12	30-30-30
长毛兔	1 只	0.2	40-50-35

表 2-3　我国家兔笼一般规格　(单位:厘米)

饲养方式	种兔类型	笼　宽	笼　深	笼　高
室内笼养	大　型	80~90	55~60	40
	中　型	70~80	50~55	35~40
	小　型	60~70	50	30~35
室外笼养	大　型	90~100	55~60	45~50
	中　型	80~90	50~55	40~45
	小　型	70~80	50	35~40

(二)饲　槽

饲槽是供兔采食的必备工具,对饲槽的要求是:坚固耐啃咬,易清洗消毒,方便采食,防止扒料和减少污染等。饲槽应根据饲喂方式、家兔的类型及生理阶段而定。饲槽的制作材料,有金属、塑料、竹、木、陶瓷、水泥等,按规格又可分为个体饲槽和自动饲槽等。

1. **大肚饲槽**　以水泥或陶瓷制作而成,口小中间大,呈大肚状,可防扒食和翻料。该饲槽制作简单,原料来源广,投资少。但只能置于笼内,不能悬挂,适于小规模兔场使用(图 2-6)。

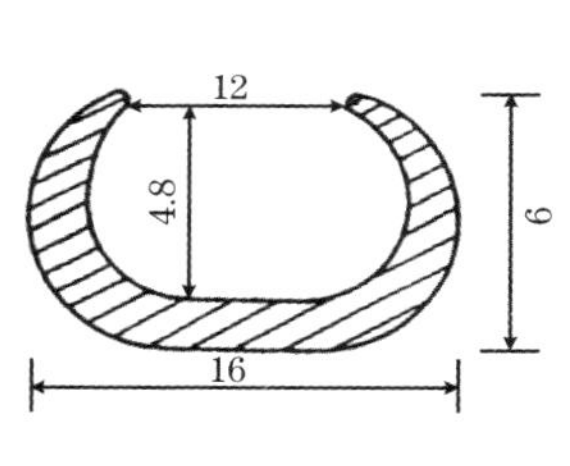

图 2-6　大肚饲槽　(单位:厘米)

2. **自动饲槽**　又称自动饲喂器,兼具饲喂和贮存作用,多用于大规模兔场及工厂化、机械化兔场。饲槽悬挂于笼门上,笼外加料,省时省力;笼内采食,饲料不容易被污染,浪费也少。饲槽由加料口、贮料仓、采食槽等几个部分组成,贮料仓和采食槽之间由隔板隔开,仅底部留 2 厘米左右的间隙,使饲料随着兔不断采食,从贮料仓内缓缓补充到采食槽内,加料一次够兔只几天采食。为防止粉尘吸入兔呼吸道而引起咳嗽和鼻炎,槽底部常均匀地钻上小圆孔。国外一些自动饲槽底部为金属网片,保证颗粒料粉尘及时漏掉。采食槽边缘往里卷沿 1 厘米,以防扒食。自动饲槽分个体槽、母仔槽和育肥槽。以镀锌板制作或塑料模压,一次成型。饲槽结构图见图 2-7。

(三)供水设备及饮水器

1. **供水设备**　供水系统由水源、水泵、水塔、水管网和饮水设

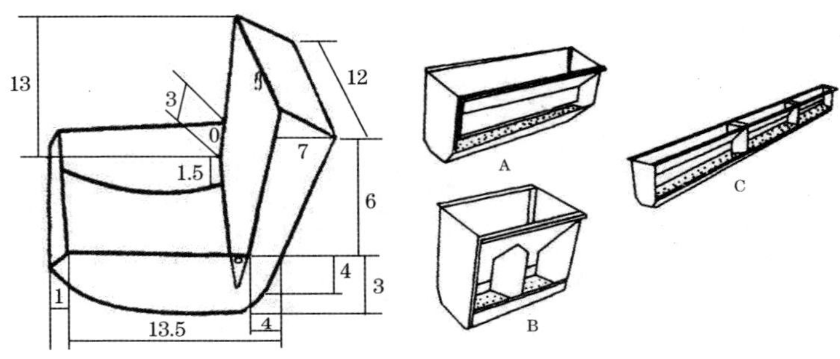

图 2-7　自动饲槽　（单位:厘米）

备组成。水从水源被水泵抽吸和压送到水塔的贮水箱,并在水管网内形成压力。在此压力下,水流向各饮水设备。饮水设备包括过滤器、减压装置、饮水器及其附属管路。

(1)过滤器　用来滤除水中杂质,以保证减压阀和饮水器能正常工作。为保证过滤效果,滤芯要定期清洗和更换。

(2)减压装置　降低自来水或水塔的水压,以适应饮水器对水压的要求,有水箱式减压装置和减压阀两种,前者使用更普遍。

工厂化养兔多采用乳头式自动饮水器。其采用不锈钢或铜制作,由外壳、伸出体外的阀杆、装在阀杆上的弹簧和阀杆乳胶管等组成。饮水器与饮水器之间用乳胶管及三通相串联,进水管一端接水箱,另一端则予以封闭。平时阀杆在弹簧的弹力下与密封圈紧密接触,使水不能流出。当兔子口部触动阀杆时,阀杆回缩并推动弹簧,使阀杆与密封圈产生间隙,水通过间隙流出,兔子便可饮到清洁的饮水。当兔子停止触动阀杆时,阀杆在弹簧的弹力下恢复原状,水停止外流。这种饮水器使用时比较卫生,可节省喂水的工时,但也需要定期清洁饮水器乳头,以防结垢而漏水。

2. **饮水器**　饮水器的形式较多,主要根据经济条件选择,经济实用的饮水器有陶制水钵、竹碗、水泥水槽等。但随着养殖规模的扩大，其缺点也逐步显现：需人工添水，工作量大；不易清洁，易孳生病菌；易被家兔践踏或粪便污染。所以，新的自动饮水设备被越来越多的养殖场接受，大致分为以下几种：

（1）瓶式饮水器　将瓶倒扣在特制的饮水槽上，瓶口离槽底1~1.5厘米，槽中的水被兔饮用后，空气随即进入瓶中，水流入槽中，保持原有水位（即瓶口与槽底之间的高度），直至将瓶中水喝完，再灌入新水。饮水器固定在笼门一定高度的铁丝网上，饮水槽伸入笼内，便于兔子饮水，而又不容易被污染。水瓶在笼门外，便于更换。瓶式饮水器投资较少，使用方便，水污染少，防止滴水漏水，但需每日换水，适于小规模兔场。

（2）弯管瓶式饮水器　一个由带有金属弯管的塑料瓶。将塑料瓶倒悬于笼门上，弯管伸入笼内。当兔饮水时触及弯头头部，破坏了水滴的表面张力，水便从弯管中流出。当兔嘴离开弯头头部时，会再有半滴水将管头封住，水不再流出。弯管固定在瓶盖上，当水饮完后，拧掉瓶盖灌入新水即可。此种饮水器在国外小型兔场普遍采用。

（3）乳头式自动饮水器　是当下应用最为广泛的自动饮水设备。外壳由带有螺纹的金属配件组成，内部装有带弹簧的阀门，并有金属活塞通至壳外。兔饮水时用舌头舔碰活塞时，水即自动流出。饮水器安装的高度要适宜，过高小兔饮不到水，过低兔体经常碰到活塞而漏水，兔毛被水浸湿有损兔体健康和减低兔毛质量，尤其夏季高温时，家兔被水浸润而有凉爽的感觉，使这种情况更加严重，甚至引发真菌病。连接饮水器头部的塑料管不能进入兔笼内，以免被兔啃咬。用自动饮水器饮水，符合卫生要求，节约喂水时间。但价格较贵，并易漏水，要经常检查和维修（图2-8）。

图 2-8　乳头式自动饮水器

使用和安装乳头式自动饮水器应注意以下问题:

①安装高度要适宜,应使兔自然状态下稍抬头即可触及到乳头。安装过高家兔饮水不便,过低易被兔身体触碰而发生滴水现象。一般幼兔笼乳头高度 8~10 厘米,成兔笼 15~20 厘米,不用担心安装过高小兔喝不到水,它可以双腿搭在侧网上抬头接触水嘴。

②一定的倾斜角度,乳头应向下倾斜 10°左右。因为水平和上仰都会使水滴不能顺阀杆流入兔嘴里。

③使用前要清洗水箱、供水管、乳头饮水器,以防杂质堵塞乳头活塞而造成滴漏不止,还要定期检查,淘汰漏水水嘴。

④输水管应选用深色的塑料管,透明管易滋生苔藓,造成水质不良和堵塞饮水器。

(四)产　箱

产箱又称巢箱,是人工模拟洞穴环境供母兔分娩、哺育仔兔的重要设施。产箱一般用木板钉成,木板要刨光滑,没有钉、刺暴露。箱口钉以厚竹片,以防被兔咬坏。

1. 制作产箱应注意的问题

①选材应坚固，导热性小，较耐啃咬，不吸水，易清洗消毒，易维修。

②产箱大小要适中，产箱过大占据面积大，减少母兔活动空间，仔兔不便集中，容易到处乱爬。太小了哺乳不方便，仔兔堆积，影响发育。一般箱长相当于母兔体长的70%~80%，箱宽相当于胸宽的2倍。

③产箱表面要平滑，无钉头和毛刺。入口处做成圆形、半圆形或“V”形，以便母兔出入。入口处最好与仔兔聚集处分开，以防母兔突然进入时踩伤仔兔。箱底有粗糙锯纹，并开有小洞，使仔兔不易滑倒并有利于透气和排除尿液。

④产箱应尽量模拟洞穴环境，给兔创造一个光线暗淡、安静、防风寒、保温暖、防打扰和一定透气性的环境。因此，产箱多建成封闭状态，上设活动盖，只留母兔出入孔。

⑤产箱要有一定高度，既要控制仔兔在自然出巢前不致爬落箱外，哺乳后不被母兔带到箱外，又便于母兔跳入和跳出。一般入口处高度要低些，以10~12厘米为宜。

⑥箱内要铺保温性好的柔软垫草，无异味。巢箱要整理成四周高、中间低的形状，以便仔兔集中和母兔舒适。

2. **产箱类型**　按照安放状态不同产箱分平放式、悬挂式和下悬式三种。

(1)平放式产箱

①*月牙形*　产箱一侧壁上部呈月牙状缺口，以便母兔出入，顶部有6厘米宽的挡板。我国应用较普遍，以木板钉制为主。月牙状缺口产箱高度要高于平口产箱。产箱侧部留一个月牙状的缺口，以供母兔出入。

②*平口产箱*　上口呈水平，箱底可钻小孔，以利透气，一般为木制。母兔产后和哺乳后可将产箱重叠排放，以防鼠害。此种产

箱制作简单,但不宜太高,适于小规模兔场定时哺乳。

③斜口产箱　产箱上口不在一个平面上,多呈长方形,低处为母兔入巢处,对面为仔兔集中处。由于仔兔集中处远离母兔入巢处,可防止母兔的踩踏。

④"V"形口产箱　产箱上口一侧留一个"V"形缺口,以便母兔入巢哺乳,以金属或塑料材质较多见。

⑤电热产箱　在普通产箱的箱底放一块大小适中的电热板,供产后几日内仔兔取暖。在寒冷季节可提高仔兔成活率,国外已有定型产品。

(2)悬挂式产箱　产箱悬挂于笼门上,在笼门与产箱的对应处留一个供母兔出入的圆形、半圆形或方形孔。产箱的上部最好设置一活动的盖,平时关闭,使产箱内部光线暗淡,免受外界打扰,适应母兔和仔兔的习性。打开上盖,可观察和管理仔兔。由于产箱悬挂于笼外,不占用兔笼的有效面积不影响母兔的活动,管理也很方便。因此,被多数规模化兔场采用,并有定型产品出售。

(3)下悬式产箱　产箱悬挂于母兔笼的底网上。产仔前,将母兔笼底网一侧的活动网片取下,放上悬挂式产箱,让母兔产仔。仔兔出巢后一定时间,将产箱取出,更换成活动底网。这种产箱在底网下面,仔兔不容易爬出来,所以很少发生吊乳。即使发生吊乳,仔兔也能爬回产箱。此种产箱多以塑料模压成型或轻质金属制作而成。缺点是对产箱底网要求较高,需要特殊设计,拆卸时工作量较大。

(五)清粪设备

小型兔场一般采用人工清粪,即用扫帚将粪便集中,再装入运输工具内运出舍外。大型兔场机械化程度较高,则采用自动清粪设备。常用的有导架式刮板清粪机和水冲式清粪设备。

1. **导架式刮板清粪机**　一般安装在底层兔笼下的排粪沟里,

由导架和刮板组成。导架由两侧导板和前后支架焊接而成，四角端由钢索与前后牵引钢索相连。刮板由底板和侧板焊接构成。导架式刮板清粪机适于阶梯式或半阶梯式兔笼的浅明沟刮粪，其工作可由定时器控制，也可人工控制；缺点是粪便刮不太干净，钢丝牵引绳易被腐蚀（图 2-9）。

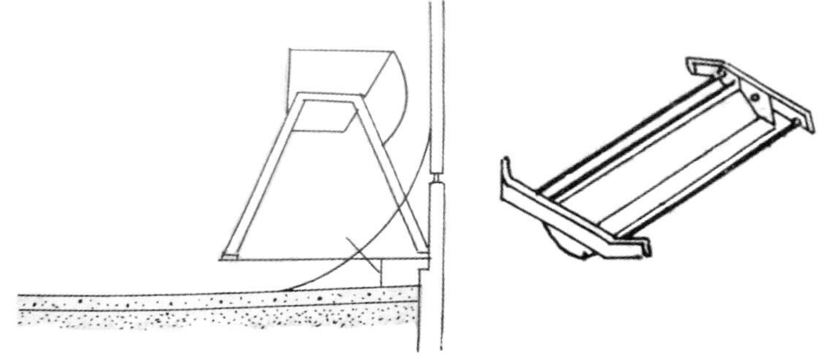

图 2-9 导架式刮板清粪机

2. 水冲式清粪设备 水冲式清粪是以大量的水同时流过一带坡度的浅沟，将兔粪冲入贮粪池或其他设施。水冲式清粪消耗动力小，设备简单，投资小，容易操作，但需水量大，兔舍湿度较大。

（六）饲料机械

1. 饲料粉碎机械 饲料粉碎是全价颗粒饲料调制的第一步，将大颗饲料原料粉碎成要求的颗粒有以下几种方法，所选方法不同，机械也就不同。

（1）击碎 主要是利用安装在粉碎室内许多高速回转的工作部件（如锤片、齿片、磨块等）对物料撞击产生碎裂。这种粉碎方法的优点是：适用性好，生产率高，粉末较少。缺点是耗能高。利用这种方法工作的有锤式粉碎机和爪式粉碎机。

(2) 磨碎 利用两个磨盘上刻有齿槽的坚硬表面，对物料进行切削和摩擦而使物料碎裂。一般用于加工干燥而且不含油的物料。

(3) 压碎 利用两个表面光滑的压辊，以相同的速度相对转动，物料受挤压和与工作表面发生摩擦而粉碎。压碎的方法不能充分地粉碎饲料，应用较少，适用于加工脆性物料。

(4) 锯切碎 利用两个表面有齿而转速不同的磨辊，将饲料锯切碎。这种粉碎方法特别适宜制作面粉和粉碎谷物饲料，并可以获得各种不同粒度的成品，产生的粉末也很少，但不能用来粉碎含油的和湿度大于 18%的饲料，否则会产生沟槽堵塞，饲料发热。

2. 饲料混合机械 混合是生产配合饲料的关键程序，混合是将配合后的各种物料在外力作用下相互掺和，使各种饲料能均匀地分布，尤其对用量很少的微量元素，药剂和矿物质等更要求均匀分布。因此，在养殖场饲料加工中，饲料混合是保证配合饲料质量和提高饲料效果的重要环节。搅拌混合过程主要有 5 种方式：

(1) 扩散混匀 混合料中个别粉粒无定向、不规则地向四周变换位置而产生的混合作用，与气体或液体中的分子向外扩散的现象相似。

(2) 对流混合 物料由于混合机部件的作用，成群的物料从料堆的一处移到另一处，而另一群物料则以相反方向移动，两股物料在对流中进行相互渗透变位而进行混合。对流混合效果好，所需混合时间短。

(3) 剪切混合 物料受混合部位的作用产生物料间的相对滑动而进行混合。

(4) 冲击混合 在物料与壁壳碰撞的作用下，造成数个物料颗粒分散。

(5) 粉碎混合 物料颗粒变形和搓碎。

在混合过程中这 5 种混合形式是同时存在的，但对于某一种混合设备而言，其中有一种是主要的混合形式，如立式混合机以扩散混合为主，卧式混合机以对流混合为主，桨叶式混合机以剪切混合为主。

3. **饲料制粒机械**　家兔颗粒料是由饲料原料料粉经压制成颗粒状，大致过程：料粉从料仓流入喂料器和调质器，在此加进蒸汽和各种液体。经过调质的粉末进入制粒室进行制粒，再送到冷却室。热颗粒经过冷却器被来自风机的气流冷却。冷却气带走的细粉在集尘器被分离出来，返回制粒机中重新制粒，冷却了的颗粒从冷却器排除，然后根据所压制的产品种类，可经过破碎机破碎或绕过破碎机，最后经过筛分装置进行分离。合格的颗粒被送到成品仓，而细粉和筛上物返回制粒机重新制粒。

(1)对颗粒饲料的生产要求

①颗粒形状均匀，表面光滑，硬度适宜，颗粒直径 3~5 毫米，长度是直径的 1.5~2 倍。

②含水率在 9%~14%，南方地区应在 12%以下。

③颗粒密度将影响压力机的生产率、能耗、硬度等，颗粒密度以 1.2~1.3 克/厘米^3、颗粒强度以 $78.4\times10^4 \sim 9.8\times10^4$ 帕为宜。

④粒化系数(成型饲料的重量与进入压粒机饲料重量之比)表示压粒机及压粒工艺的性能，一般要求不低于 95%。

(2)颗粒饲料制粒机的类型　按成型部件的工作原理，可将制粒机分为型压式、挤压式和冲压式 3 类。型压式是靠一对回转方向相反、转速相等而带型孔的压辊之间对物料的压缩作用而成型的。挤压式具有通孔的压模，压辊将调制好的物料挤出模孔，是靠模孔对物料的摩擦阻力而压制成的产品。我国现在用得最多的环模、平模和螺杆式的制粒机都属此类。

按成型部件的结构特点，可将制粒机分为 4 种：

①辊式压粒机　即双辊式制粒机。用一对等速相对旋转的压辊来压制颗粒，因压缩作用时间短，颗粒强度小，生产率低，故应用

很少。

②螺杆式制粒机　工作时靠旋转螺旋将配合饲料从模孔压出，形成圆柱状，再用固定切刀切成颗粒。

③环模制粒机　工作时压辊将饲料压入环模模孔，挤出模孔压成圆柱形并随环模旋转，再用固定切刀切成颗粒。其主要特点是环模与压辊按触线上各处线速度相等，所以无额外摩擦力，全部压力被用来压粒。

④平模制粒机　工作时压辊将饲料压入模孔而形成圆柱状颗粒料。平模压粒机的平模和压辊上各处的圆周速度不相等。

（七）编号工具

为便于兔场做好种兔的管理和良种登记工作，仔兔断奶时必须编号。家兔最适宜编号的部位是耳内侧部，因此称为耳号。目前常用编号工具有耳号钳和耳标。

1. **耳号钳**　我国常用的耳号钳配有活动数码块，根据耳号配好数码块后，先对兔耳和数码块消毒，然后在数码块上涂上墨汁，接着钳压兔耳，最后再在打上数码的兔耳上涂抹墨汁，这样经数日后可留下永久不褪的数字。这种耳号钳每打一个耳号就要变换一次数码块，费工费时。国外耳号钳的数码是固定的，只要旋转数码块就可以变换耳号，比国内的使用方便（图 2-10）。

图 2-10　耳 号 钳

2. **耳标**　有金属和塑料两种，后者较常用。将所编耳号事先冲压或刻画在耳标上，打耳号时直接将耳标卡在兔耳上即可，印有号码的一面在兔耳内侧。耳标具有使用方便、防伪性能好、不易脱落等特点，并且可根据自己兔场的需要印上品牌商标（图2-11）。

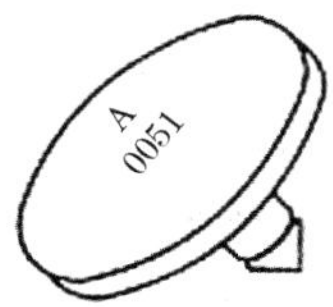

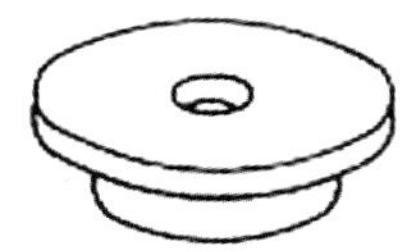

图2-11　耳　标

五、兔场的环境控制

兔场环境条件主要包括温度、湿度、通风、光照、噪声等，是影响家兔生产性能和健康水平的重要因素之一。通过合理设计兔舍的保温隔热性能，组织有效的通风换气、采光照明和供水排水，并根据具体情况采用供暖、降温、通风、光照、空气处理等设备，给兔创造一个符合其生理要求和行为习性的生态环境。

兔场管理者可以从以下几方面控制兔场环境：

（一）从生产流程角度控制环境

兔场每日要向外部环境排放大量粪尿等污染物，这些粪尿污水若得不到及时处理，任其随意排放就会污染周围环境，特别是兔场附近的土壤生态系统。因此，首先要合理地选择厂址，科学规划设计兔场，从生产流程角度来控制兔场污染物。

建场时一定要把兔场的环境污染问题作为优先考虑的对象，将排污及配套设施规划在内，充分考虑周围环境对粪污的容纳能力。在场址的选择上,应尽量选择在偏远地区、土地充裕、地势高燥、背风、向阳、水源充足、水质良好、排水顺畅、治理污染和交通方便的地方建场;同时,可在兔场的周围构筑防护林,以降低风速,防止气味传播到更远距离,减少臭气污染的范围;防护林还可降低环境温度,减少气味的产生与挥发;树叶可直接吸收、过滤含有气味的气体和尘粒,从而减轻空气中的气味;树木通过光合作用吸收空气中的二氧化碳,释放出氧气,可明显降低空气中二氧化碳浓度,改善空气质量。

(二)从营养角度控制环境

科学合理地配制日粮,可以提高饲料利用率,减少污染物的产量,从源头控制污染,改善兔舍环境。

1. 减少家兔粪便中氮的排出

(1)消除饲料中的抗营养因子 目前,我国家兔日粮多以玉米—豆粕型为主,在这些植物性饲料原料中含有大量的抗营养因子,如蛋白酶抑制因子、凝集素等,这些抗营养因子的存在对日粮蛋白质的消化吸收会产生不利的影响。经过适当的加工处理,如加热、膨化、制粒、添加酶制剂等可消除日粮中的抗营养因子对日粮中粗蛋白消化,吸收的影响。实践证明,加热处理过的大豆饼粉比未加热处理的氨基酸的消化率提高30%以上,饲料中蛋白质的消化吸收率的提高,相应减少了粪便中氮的排出量。

(2)按理想蛋白模式配制日粮 动物对蛋白质的营养需要实际是对氨基酸营养的需要,饲粮蛋白质中氨基酸比例愈平衡,就愈容易被机体所利用,其营养价值也就愈高。在配合日粮时,为满足动物第一限制性氨基酸的需要,往往会加大蛋白质比例,这就造成其他氨基酸过量,而在体内分解,通过粪尿排出。日粮中各种氨基酸的比例应由动物品种、年龄、生产目的等因素决定。因此,理想蛋白质指满足动物维持生命活动与为了一个特定生产目的所需的最佳日粮氨基酸比例。在实际生产中，按理想蛋白质模式，可消化氨基酸为基础添加合成氨基酸，配制成符合家兔营养需要的平衡日粮，可以适当降低饲料粗蛋白质水平而不影响家兔的生产性能。

（3）降低粗蛋白质含量　减少氮排泄量的最有效方法是在保证日粮氨基酸需要的前提下，降低日粮的粗蛋白含量。工业合成氨基酸的诞生使降低日粮粗蛋白质的做法成为可能。欧洲饲料添加剂基金会指出，降低饲料中粗蛋白质含量而添加合成氨基酸，可使氮的排出量减少 20%～50%。如果以理想蛋白质模式和降低粗蛋白质含量，添加必需氨基酸数量为基础制作配方将改善氮的利用率。我国目前低氮日粮没有得到推广，原因在于人们还没有充分认识到低氮日粮对节约蛋白质资源及对环境的好处。

（4）添加外源蛋白酶，提高蛋白质利用率　随着酶工业的发展，各种酶制剂相继应用于饲料工业中，这不仅可以提高蛋白质的利用率，降低氮的排出量，而且可以提高畜禽生产能力。现在开发的蛋白酶主要包括胃蛋白酶、胰蛋白酶、木瓜蛋白酶、菠萝蛋白酶等，其主要作用是将动物摄取的饲料蛋白质分解为小分子的肽或氨基酸，被动物吸收后用于重新组合成自身的蛋白质。在配制家兔日粮时，可适当添加蛋白酶以提高蛋白质的利用率。

（5）分阶段饲喂　家兔各个生长阶段的营养要求是不相同的，实行阶段饲养，可以满足动物不同生长阶段的不同营养需要，按生长阶段和季节进行阶段饲喂是减少氮排泄的有效措施，可有效降低氮的排泄量。

2. **使用微生态制剂提高饲料转化率**　家兔服用微生态制剂，可在兔体内创造有利于生长的微生态环境，维持肠道正常生理功能，促进肠道内营养物质的消化和吸收，提高饲料利用率。同时，还能抑制腐败菌的繁殖，降低肠道和血液中内毒素及尿素酶的含量，有效减少有害气体产生。

(三)从饲养管理角度控制环境

1. **加强饲养管理** 严格控制养兔场环境,既能保证良好的舍内环境条件,又能有效防止养兔场内外的相互污染。为此,一要加强饲料卫生质量监测,严禁使用被污染的饲料原料;二要加强水源卫生质量监测,严禁使用被污染的水源,最好采用自动饮水器;三要保持畜舍清洁、卫生、干燥、通风,保持良好的生存和生产小环境;四是严格执行消毒措施,包括进出人员消毒、环境消毒、畜舍消毒、用具消毒、带畜消毒、贮粪场消毒、病尸消毒等;五要严格执行病畜隔离制度,加强对病死兔的处理措施;六要采取合理的粪尿、污物处理措施,减少蛆、蝇、蚊、螨等害虫的繁殖,降低环境污染。

2. **畜用防臭剂的使用** 为减轻畜禽排泄物及其臭味的污染,从预防的角度出发,可在饲料中或兔舍内添加各种除臭剂。沸石是一种常用的除臭剂,对氨、硫化氢、二氧化碳以及水分有很强的吸附力,因而可降低兔舍内有害气体的浓度,同时由于它的吸水作用,降低了舍内空气湿度和兔粪的水分,也可减少有害气体的产生。与沸石结构相似的膨润土、海泡石、蛭石和硅藻土等均有类似的吸附、除臭作用。

在兔舍或粪便上喷洒益生素也可以消除粪尿恶臭,净化环境。因为益生素中含有酵母菌、乳酸菌等有益生物菌群,对有机固体物质进行发酵分解,同时光合成菌、固氮菌等细菌可利用分解过程中产生的有害物质(沼气、氨气、硫化氢等)及分解产物(无机盐)进行合成,有效降低了环境中有害物质的含量。

3. **改进清粪工艺** 对兔场的粪便污水治理,改变过去的末端治理模式,改进生产工艺,采用干清粪法。通过干粪与尿、冲洗水分离,减少污染源的处理数量和难度,实现干粪与污水的各自处理利用,干粪堆积发酵,污水经处理达标后还田或排放。

第三章
优良品种与毛兔选育

安哥拉兔(Angora)是世界上最著名的毛用兔品种，也是已知最古老的品种之一，全身被毛白色，毛绒密而长，俗称长毛兔。1734年最早发现于英国，因其毛与安哥拉山羊毛相似，故命名为安哥拉兔。18世纪中叶以后，输送到世界上许多国家，如德国、法国、日本、中国。各国家根据自己的自然和社会经济条件，采用不同的饲养方式，培育出了品质特性各异的若干品种类群。

一、国外引入的主要毛兔品种(系)

(一)德系安哥拉兔

德系安哥拉兔又称西德长毛兔，是目前饲养最普遍，产毛量最高的一个品种系群。该兔体型较大，成年体重3.5~5.2千克，高者可达5.7千克。其外貌特征为：全身被毛白色、眼睛红色、头较方圆或尖削略呈长方形；耳较大，绝大部分耳尖有一撮长绒毛，耳背无长毛，有些是“全耳毛”，有些是“半耳毛”；面部绒毛不一致，有的无长毛，有的有少量额颊毛，有的额颊毛丰富；头毛的类型与其主要产毛量无相关性。德系安哥拉兔体躯尤其是背腹部的被毛

厚密，有小束的毛丛结构，呈波状弯曲，毛质好，枪毛与绒毛的比例适宜，被毛不易缠绕。四肢及趾间绒毛密生，背线平直，四肢强健。年产毛量高，达0.9~1.2千克，最高可达1.6~2.0千克，粗毛含量5.4%~6.1%，细毛细度12.9~13.2微米，毛长5.5~5.9厘米；体长45~50厘米，胸围30~35厘米；年产3~4胎，胎均产仔6~7只，最高可达13只。德系安哥拉兔具有产毛量高，被毛密度大，毛细致柔软、不易缠绕的优点，但适应性、生活力、抗病力均较差，配种困难，母性差，不耐热，对饲养管理条件要求较高。

我国自1978年12月引入德系安哥拉兔以来，经三十几年的风土驯化和选育，其产毛性能、繁殖性能、适应性等均有较大提高，对改良中系安哥拉兔起了重要作用。

（二）法系安哥拉兔

法系安哥拉兔选育历史较长，是世界上著名的粗毛型长毛兔。该兔体型较德系安哥拉兔略小，骨骼较粗重，成年体重3.5~4.6千克，高者可达5.5千克。体长43~46厘米，胸围35~37厘米，外貌特征为全身被毛白色，头稍尖，面长鼻高，耳大而薄，耳、额颊毛少，耳尖无长毛或有一小撮短毛，耳背密生短毛，脚毛较少，俗称“光板”。体型健壮，粗毛含量高，其他外貌与德系安哥拉兔相似，一次剪毛140~190克，年产毛量0.8~0.9千克，最高可达1.3千克，粗毛含量13%~20%，细毛细度14.9~15.7微米，毛长5.8~6.3厘米；年繁殖4~5胎，胎产仔数6~8只。该品种具有粗毛含量高，体质健壮，适应性强，耐粗饲，繁殖性能和泌乳性能好的特点。但被毛密度差，其产毛量和体重不及德系兔，该品系适于拔毛方式采毛，不易剪毛，主要用于粗毛生产和杂交培育粗毛型兔

我国自1926年开始饲养，但没有形成商品生产规模，1980年以后又先后引进几批新型法系安哥拉兔。

（三）日系安哥拉兔

日系安哥拉兔体型比德系和法系安哥拉兔均小，成年体重3～4千克，高者可达5千克。体长40～45厘米，胸围30～33厘米，外貌特征为头型偏宽而短，额部、颊部、两耳外侧及耳尖部均有长毛，额毛有明显分界，呈刘海状。耳长中等、直立。四肢强壮，胸部和背部发育良好，全身被覆洁白浓密的绒毛，粗毛含量较少、不易缠结。年产毛量公兔为0.5～0.6千克，母兔为0.7～0.8千克，最高可达1.2千克，粗毛含量5%～10%，细毛细度12.8～13.3微米，毛长5.1～5.3厘米；年繁殖3～4胎，胎产仔数8～9只。该品种具有适应能力强、耐粗饲、易于饲养管理、母性强、胎产仔数多、泌乳性能好的特点，但体型较小，产毛量较低，兔毛品质一般。

我国自1979年开始饲养，目前主要分布在浙江省和辽宁省。

二、国内培育的主要毛兔品种（系）

（一）浙系长毛兔

浙系长毛兔系采用多品种杂交选育，并经种群选择、继代选育、群选群育、系统培育等技术，结合良种兔人工授精配种繁殖等措施，经4个世代选育，形成拥有嵊州系、镇海系、平阳系3个品系的浙系长毛兔新品种，并于2010年7月通过国家畜禽遗传资源委员会的品种审定。研究表明：浙系长毛兔具有体型大、产毛量高、兔毛品质优、适应性强等优良特性，遗传性能稳定。

1. **体型外貌**　浙系长毛兔体型长大，肩宽、背长、胸深、臀部圆大，四肢强健，颈部肉髯明显；头部大小适中，呈鼠头或狮子头型，眼红色，耳型可分为半耳毛、全耳毛和一撮毛3种类型；全身被毛洁白、有光泽，绒毛厚、密，有明显的毛丛结构，颈后、腹毛及脚毛浓密。

2. **体重、体尺** 成年(11 月龄)体重公兔 5 282 克、母兔 5 459 克;成年体长公兔 54. 2 厘米、母兔 55. 5 厘米;成年胸围公兔 36. 5 厘米、母兔 37. 2 厘米。其中,嵊州系成年体重公兔 5 290 克、母兔 5 467 克;镇海系成年体重公兔 5 495 克、母兔 5 648 克;平阳系成年体重公兔 4 905 克、母兔 5 112 克。

3. **产毛性能** 11 月龄,估测年产毛量公兔 195 克、母兔 178 克,平均产毛率公兔 37. 1%、母兔 39. 9%。其中,嵊州系估测年产毛量公兔 2 102 克、母兔 2 355 克;镇海系估测年产毛量公兔 1 963 克、母兔 2 185 克;平阳系估测年产毛量公兔 1 815 克、母兔 1 996 克。

4. **繁殖性能** 胎均产仔数 6. 8±1. 7 只,3 周龄窝重 2 511±165 克,6 周龄体重 1 579±78 克。

5. **兔毛品质** 松毛率公兔 98. 7%、母兔 99. 2%;绒毛长度公兔 4. 6 厘米、母兔 4. 8 厘米;绒毛细度公兔 13. 1 微米、母兔 13. 9 微米;绒毛强度公兔 4. 2 厘牛(cN)、母兔 4. 3 厘牛(cN);绒毛伸度公兔 42. 2%、母兔 42. 2%;粗毛率,嵊州系公、母兔分别为 4. 3%和 5. 0%,镇海系分别为 7. 3%和 8. 1%,平阳系分别为 24. 8%和 26. 3%。

2009 年 12 月,国家畜禽遗传资源委员会其他畜禽专业委员会派遣专家组对浙系长毛兔生产性能进行了现场测定,结果见表 3-1。

目前,浙系长毛兔已在国内 20 多个省、直辖市、自治区中试应用 300 多万只,并为河南、四川、重庆等地的长毛兔新品系选育提供了育种材料(图 3-1)。

表 3-1　浙系长毛兔生产性能现场测定结果　（单位:克）

品　系	10 月龄体重		10 月龄单次剪毛量		估测年剪毛量		成年体重	
	♂	♀	♂	♀	♂	♀	♂	♀
嵊州系	3841	3911	519	538	2076	2152	5155±338	5385±312
镇海系	3677	3764	445	450	1780	1800	4850±379	5190±329
平阳系	3839	4001	409	392	1636	1568	5010±305	5208±307
三系平均	3789（n=51）	3892（n=99）	461（n=51）	458（n=99）	1844	1832	5005（n=30）	5261（n=60）

A.平阳系

B.嵊州系

C.镇海系

图 3-1　浙系长毛兔

（二）皖系长毛兔

皖系长毛兔是由安徽省农业科学院畜牧兽医研究所、安徽省固镇种兔场、颍上县庆宝良种兔场等单位，以德系安哥拉兔、新西兰白兔为育种材料，经杂交选育而成，属中型粗毛型长毛兔。2010年7月该品系通过国家畜禽遗传资源委员会其他畜禽专业委员会审定。

专家现场对皖系长毛兔进行了12月龄体重及产毛量现场测定，主体养毛期62天，12月龄体重：公兔（n=20）4115克、母兔（n=32）4 000克；单次剪毛量：公兔（n=20）276克、母兔（n=32）305克；11月龄粗毛率：公兔16.2%、母兔17.8%；11月龄毛纤维的平均长度、平均细度、断裂强力、断裂伸长率，粗毛分别为9.5厘米、45.9微米、24.7厘牛（cN）、40.1%，细毛分别为6.9厘米、15.3微米、4.8厘牛（cN）、43.0%；平均胎产仔数7.21只。

皖系长毛兔已在国内10多个省、直辖市、自治区中试应用230余万只，生产性能稳定，适应性广（图3-2）。

图3-2　皖系长毛兔

（三）苏系长毛兔

苏系长毛兔是由江苏省农业科学院畜牧研究所和江苏省畜牧总站，以德系安哥拉兔为主体，导入法系安哥拉兔、新西兰白兔和德国大耳白的粗毛基因，经杂交选育而成，属粗毛型长毛兔。2010年5月26日该品系通过国家畜禽遗传资源委员会其他畜禽专业委员会审定。

苏系长毛兔体型较大，耳尖有一撮毛，全身被毛较密，毛色洁白，产毛量较高，粗毛率高，抗病力强。公兔平均体重 4 300 克，母兔平均体重 4 500 克；公兔年产毛量 957.5 克，产毛率 18.8%；母兔年产毛量 1 067.5 克，产毛率 20.0%。

苏系长毛兔适宜在全国范围内饲养，既可纯种繁育，又可作为杂交利用的亲本，尤其是采用拉毛的方法，粗毛率可提高到 30% 以上，为广大农户增加经济效益。苏系长毛兔已推广至江苏、山东、河南等 7 个省市的 73 个县（市），累计推广种兔 50 余万只。

三、优良毛兔选种与培育技术

选种就是根据目标性状的表现，把高产优质、适应性强、饲料报酬高、遗传性稳定等具有优良遗传和生产性能的公、母兔选留作繁殖后代的种兔，同时把品质不良或较差的个体加以淘汰，是改良现有品种、培育新品种（系）的基本方法。

（一）毛兔的选种

毛兔最主要的目标性状是年产毛量、产毛率、兔毛品质、料毛比、粗毛率，同时兼顾母兔的繁殖性能。

1. 毛兔的选种要求

（1）体型外貌　毛用种兔要求体型匀称，发育良好，体质结实，四肢强壮，外形上无任何缺陷。头清秀，双眼圆睁明亮，无流泪及眼屎现象，耳壳大，门牙洁白短小，排列整齐，体大颈粗，胸部宽而深，背腰宽广平直，中躯长，臀部丰满宽圆，皮肤薄而致密，骨骼细而结实，肌肉匀称但不发达，被毛光亮且松软无结块，绒毛浓密但不缠结，毛品质优良，生长快。毛兔外形鉴定标准见表 3-2 和表 3-3。种公兔要求性欲旺盛，精液品质好；种母兔要求乳房发达，乳头数 4 对以上，排列匀称，粗大柔软，没有瞎奶头，后档宽，性温顺。存在八字腿、牛眼或剪毛后 3 个月内被毛有缠结者不宜留种。

表 3-2　日本长野县种兔场安哥拉兔外貌鉴定标准表

项　目	要　求	评　分
头、颈	头宽、颈短、粗细适中，与体躯结合良好，着生细毛，额毛及颊毛丰富，眼清秀、灵活呈粉红色	6
耳	附着良好，大小适中，竖立不厚，均匀着生细毛	2
前　躯	肩宽广，与体躯结合良好，胸宽、深、充实	4
中　躯	背宽长、紧凑，肋长、开张，腹紧凑、充实	4
后　躯	腰宽、长、有力，尾大、挺立，与臀部结合良好	4
四　肢	富有弹力，肢势正，四肢及其末端均着生细毛	2
乳房及生殖器官	母兔乳头正常，乳头数为 4 对以上，公兔睾丸发达、匀称	2
整体状况	体质强健，发育良好，符合品种要求	6
被毛密度	密度大、毛量多，毛分布均匀	20
被毛品质	被毛洁白、有光泽，毛纤细，弹性强，花毛少	20
被毛状况	毛长、匀度好，无脱毛部位	10
体　重	8 月龄体重不低于 3 千克，完全成熟时体重达 3. 75 千克	20

表 3-3　法系安哥拉兔协会安哥拉兔外貌鉴定标准

项　目	要　求	评分
体　型	呈圆柱形	5
头、耳	双耳直立，耳尖毛丛整齐	5
体　重	平均体重不低于 3. 75 千克，理想 4. 25 千克	10
毛品质	根据毛长和枪毛数量予以评定	30
产毛量	另定，根据群体水平和分布特性制定选留标准	40
被　毛	全身色、毛同质，毛密	10

(2)产毛量 产毛量分年产毛量和单次产毛量。年产毛量是指一只成年兔一年内产毛的总量,包括营巢用毛,评定成年兔的产毛性能时多采用年产毛量。单次产毛量是指家兔一次的剪毛量,评定青年兔的产毛性能时多采用单次产毛量,育种上一般用育成兔一生中的第三次剪毛量,因为第三次剪毛量与年产毛量密切相关,相关系数为0.77,按此指标进行选种准确率可达80%。

毛用兔的产毛量是由兔体的大小、毛纤维的生长速度和兔毛密度3个因素所决定的。所谓密度,是指单位皮肤面积内所含有的毛纤维数,毛纤维数愈多则密度越大,产毛量也越高。被选个体要求年剪毛量高,优质毛百分率高,粗毛比例适中,料毛比小,毛的生长速度快,凡年剪毛量低于群体均值者不宜留种(表3-4,表3-5)。另外,被选个体要求系谱清楚,繁殖力高。

表3-4 西德长毛兔产毛量等级标准

等级	特等	一级	二级	三级
年剪毛量	1000克/年	900克/年	800克/年	700克/年

表3-5 西德长毛兔毛等级标准表

等级	色泽	状态	长度	粗毛含量
特级	纯白	全松毛	5.6厘米以上	不超过10%
一级	纯白	全松毛	4.6厘米以上	不超过10%
二级	纯白	全松毛	3.6厘米以上	不超过10%
三级	纯白	全松毛	2.5厘米以上	不超过10%
等外	全白	松毛、杂乱	2.5厘米以下	无要求

(3)产毛率 产毛率是指单位体重的产毛能力,用来说明产毛与体重的关系,通常用实际年产毛量占同年平均体重的百分率表示,也可用育成兔一生中的第三次剪毛量与剪毛后体重的百分

比来表示。产毛率一般在20%~30%，产毛率属低遗传力性状，其遗传力为0.097~0.275。评定产毛率是为了得到体型大且毛密度和毛的生长速度性能都好的个体，如果单纯追求产毛率而忽略了毛兔的体型，结果将导致兔群体型变小，从而也导致产毛量下降。

(4)兔毛品质 兔毛品质受毛纤维的长度、细度、强度、伸度、弹性、吸湿性及粗毛率和结块率等因素的影响。

兔毛的长度有两种表示方法，一种是自然长度，即兔毛在自然状态下的长度；另一种是伸直长度，即将单根毛纤维的自然弯曲拉直（但未延伸）时的长度。粗毛率是指1平方厘米皮肤面积上粗毛量占总毛量的百分比，品质好坏依据纺织用途而定。粗纺时粗毛率高，则兔毛品质好；精纺时则粗毛率越低，兔毛品质越好。粗毛率的遗传力为0.134~0.59。结块率是指一次剪毛中缠结毛的重量占总毛重的百分率，其遗传力为0.3。优质毛率是指某兔所剪下的毛中特级毛（5.7厘米）和一级毛（4.7厘米）所占的百分比。毛纤维越长，结块率越低，优质毛率越高，兔毛品质越好，纺纱性能也就越好，毛织品越光滑。

2. 毛兔的选种方法

(1)系谱鉴定 系谱鉴定是通过分析各代祖先的生长发育、健康状况和生产性能来选择种兔的方法。完整的系谱需要对各世代种兔的有关性状如被毛特征、生长发育、生产性能等进行全面的测定、记录和统计，记录得越全面，信息量越大，选种的准确性就越高。根据遗传理论，祖先离当代越远，遗传影响越小。因此，进行系谱鉴定时，一般查看3代以内祖先的情况，其中以父母代最为重要。要对系谱进行全面分析，不仅要分析祖先的优点，还要分析其缺点，特别要注意有无遗传性疾病。

系谱鉴定是通过祖先的性能表现来推测种兔在某些性状上的遗传基础，但是由于基因的分离和自由组合，使得在估测后代的遗传基础时不太准确，甚至做出误断，因此系谱鉴定效果并不理想，

只能作为选择断奶仔兔时的参考依据。

(2)个体选择　个体选择是根据个体本身表型值的高低来选择种兔的方法。当后备兔长大并且具有一定的生产记录时,需要根据它本身的各项品质进行个体鉴定。由于个体选择根据个体本身的表型值进行选择,所以选择效果与被选性状的遗传力大小有关。一般情况下,性状的遗传力高,个体本身有这种性能表现时,个体选择的效果就好。

生产中有的兔场采用百分制评定法对种兔进行个体鉴定。具体方法是在确定了要评定的性状后,按照国家或地方制定的种兔标准进行评定,也可以自行根据生产目的确定评定项目,并根据兔场实际生产水平确定评分标准。对被鉴定种兔逐只逐项鉴定评分,按各性状评定出来的总分进行选种,选出其中最优秀的种兔。不同生产用途的种兔评定重点不同,评定毛兔可确定外形、繁殖性能、体重、产毛量、产毛率和优质毛率等性状,依各项重要程度定出其百分比例为外形 10%、繁殖性能 10%、体重 15%、产毛量 30%、产毛率 20%、优质毛率 15%。

(3)同胞选择　同胞选择是根据同胞的性能来选择种兔的方法。有些性状如屠宰率、胴体品质等活体无法直接测定的性状,可以通过对同窝同胞的测定做间接的了解。有些性状如种公兔的产仔数和泌乳性能等限性性状,也可以通过对它同窝姊妹的测定结果来判断其遗传潜势。同胞鉴定常用来测定遗传力低的性状,如繁殖力、泌乳力、成活率等,但同胞数量要大。同胞数量越大,对该种兔有关性能的估测也越准确,最好提供 5 只以上的全同胞数和 30 只以上的半同胞数才比较可靠。

通过同胞的性能来判断种兔的遗传基础,同样会受基因分离和自由组合的影响而使结果不准确。

(4)家系选择　家系选择是根据家系(全同胞家系或半同胞家系)的平均表型值进行种兔选择的方法。实际选种时以整个家系作为一个单位,选出家系均值较高的个体留作种用。家系选择适用于遗传力低的性状,如繁殖力、泌乳力和成活率等性状。因为遗传力低的性状,其表型值的高低受环境影响较大,如果只根据个体表型值进行个体选择,准确性较差,而采用家系选择时,个体表型值中的环境偏差,在家系均值中彼此抵消,因而家系的平均表型值接近于平均育种值。因此,家系选择能比较正确地反映家系的基因型,选择效果较好。适合家系选择的条件除了遗传力低外,还要求家系大,由共同环境造成的家系间差异小。

(5)后裔鉴定 后裔鉴定是根据后代品质来鉴定亲代遗传性能的选种方法。因为后代的性状表现,是由亲代所提供的遗传物质和环境条件共同作用的结果,所以在一定的环境条件下,后代的表现可以反映出亲代的遗传基础。后裔鉴定是迄今为止最有效的选种方法。

一般只对种公兔进行后裔鉴定。测定时要求与配母兔最好处于 3~5 胎,同时在外形、生产性能、繁殖性能及系谱结构等方面都良好。每只受测公兔要有 8~10 只与配母兔、至少 20 只后代可供测定。与配母兔同期配种、同期分娩,仔兔同期断奶,母兔和幼兔置于相同的条件下,并详细记载与配母兔的繁殖性能和受测后裔的一切个体品质,以便全面鉴定受测种公兔。

根据后裔品质鉴定种公兔的种用价值时,可以采用该种公兔的后裔与整个兔群中同龄后裔的对比法来进行。首先计算出该公兔后裔品质的平均值,再计算出整个兔群中的同龄后裔的平均值,然后进行比较。种公兔后裔的平均值高于兔群同龄后裔平均值,表示该种公兔的种用价值高;反之,种用价值不高,不宜留种。

3. 毛兔的选种时间和阶段

第一次选择:一般在仔兔断奶阶段。主要依据断奶体重、同窝仔兔数量及发育均匀度等情况,结合系谱进行选择。第一次选择要适当多选多留。

第二次选择：一般在第一次剪毛（2 月龄）阶段。主要检查头刀毛中有无结块毛，结合体尺、体重评定生长发育状况，有结块毛及生长发育不良者淘汰或转群。

第三次选择：一般在第二次剪毛（4.5~5 月龄）阶段。主要根据剪毛情况进行产毛性能初选。着重对产毛性能（产毛量、粗毛率、产毛率和缠结率等）进行选择，同时结合体重、外貌等情况。二刀毛与年产毛量呈中等正相关。

第四次选择：一般在第三次剪毛（7~8 月龄）阶段。主要根据产毛性能、生长发育和外貌鉴定进行复选。该次选择是毛兔选种的关键一次，选择强度较大。三刀毛与年产毛量呈较高的正相关，一般用三刀毛的采毛量来估计年产毛量。

第五次选择：一般在 1 岁以后进行。主要根据繁殖性能和产毛性能进行选择。注意母兔的初产成绩不宜作为选种依据，通常以 2~3 胎受胎率和产仔哺育情况评定其繁殖性能。繁殖性能差、有恶癖及产毛性能不高者应予严格淘汰。

第六次选择：当种兔的后代已有生产记录时，就可根据后代的生产性能对种兔的遗传品质进行鉴定，即后裔测定，根据种兔的综合育种价值进行终选。

在实际选种中可灵活确定选种时间和次数，一般宜以断奶、三刀毛和后裔测定作为选择的关键阶段。

（二）毛兔的选配

后代的优劣不仅取决于种公、母兔的遗传品质，还取决于双亲基因型间的遗传亲和力，因此要想获得优良的后代，不仅要选择好种兔，还要选择好种兔间的配对方式。选配是有目的、有计划地决定公母兔的配对，以达到培育和利用优良品种的目的。选配的方法主要有表型选配和亲缘选配。

1. **表型选配**　表型选配又称品质选配，是根据种公、母兔的

体型外貌、生产性能等表型品质对比进行的选配方式,可分为同型选配和异型选配两种情况:

(1)同型选配 又称同质选配,是指将性状相同、性能表现或育种值相似的优秀公、母兔进行交配,以期获得与其父母相似的优良后代。同型选配的优点是使公、母兔共有的优良性状稳定地遗传给后代,使优良性状在后代中得到巩固和发展。同型选配的效果取决于交配双方的基因型是否同质,对高遗传力性状如体型外貌、产品品质指标较为有效,而对低遗传力性状如繁殖性能效果不理想。同型选配只适用于在兔群中已有了符合要求希望保持的理想型个体,包括纯种及杂交育种中产生的理想杂种。

(2)异型选配 又称异质选配,是指将具有不同优良性状或同一性状但优劣程度不同的公、母兔进行交配,目的在于获得兼备双亲优点的后代或以优改劣使后代在某一特定性状上有较大的改进和提高。异型选配增大了后代的变异性,丰富了基因组合类型,有利于选种和增强后代的生活力。但值得注意的是,由于基因的连锁及性状间负相关等原因,有时不一定能把双亲的优良性状很好地结合在一起,反而出现将双亲缺点综合在后代中的情况。异质选配时必须坚持严格的选种,并注意分析性状的遗传规律特别是性状间的遗传相关。

在具体的选配过程中,同型选配和异型选配往往是结合进行的,比如在某些主要性状上是同型选配,而在其他性状上却可能是异型选配。要求交配双方在众多性状上绝对同质或绝对异质是不现实的,也是没有意义的。

2. **亲缘选配** 亲缘选配是根据交配双方亲缘关系的远近而决定的选配方式,若交配的公、母兔有较近的亲缘关系,它们的共同祖先的世代数在6代以内,这样的交配称为近亲交配,简称近交;反之,交配的公、母兔无密切亲缘关系,6代内找不到共同祖先的,称为远交。近交有利于固定优良性状,揭露有害基因,保持优良血统，提高兔群同质性，是培育新品种或新品系过程中采用的一种特殊手段。

近交会出现近交衰退现象，使家兔的繁殖力、生活力及生产性能降低，随着近交程度的加深，几乎所有性状均发生不同程度的衰退。近交后代中不同性状的衰退程度是不同的，低遗传力性状衰退明显，如繁殖力各性状，出现产仔数减少，畸形、弱仔增多和生活力下降等现象；遗传力较高的性状如体型外貌、胴体品质则很少发生衰退。另外，不同的近交方式、不同种群、个体间及不同的环境条件下，近交衰退程度都有差别。近交不宜长期使用，一旦育种目标实现，应马上转为中亲交配或远交。

（三）优良毛兔培育技术

1. 毛兔新品种培育方法　主要有纯种繁育和杂交繁育。

（1）纯种繁育　纯种繁育是在同一品种内或同一品系内进行的公、母兔之间的选配。纯种繁育的目的在于保留和提高与亲本相似的优良性状，使已经具有一定优良性状的群体遗传性更加稳定，防止优良品种退化，并在杂交利用上发挥作用。纯种繁育的主要任务是保持和发展一个品种的优良特性，增加品种内优良个体的数量，克服品种的某些缺点，达到保持品种纯度和提高品种生产水平的目的。因此，纯种繁育在养兔业被广泛地用来增加良种数量、保存地方良种、育成新品种和对新引入品种的风土驯化。

纯种繁育的措施如下。

①选择基础群，建立核心群　首先选择足够数量的兔子组成基础群，对基础群进行整顿鉴定后，分别建立核心群、生产群和淘汰群。核心群由个体品质最好、遗传性能优良的种兔组成，核心群要承担向生产群提供后备种兔的任务，带动并完成整个兔群的改良；核心群的年龄结构要合理，保证成年兔在核心群中的比例，同时要强调世代更新，每年在兔群中有计划地淘汰一些品质差的成

年兔和老年兔，并从后备兔中选择一些品质优良的种兔加以补充，种兔场每年大约淘汰更新30%的种兔。生产群由鉴定合格的种兔组成，鉴定不合格的种兔列入淘汰群，不能用来繁殖。

②健全性能测定制度　纯种繁育时应建立健全性能测定制度，根据性能测定结果严格选种，以保持和提高兔群的优良性状。

③开展品系繁育　通过品系繁育可以更进一步提高品种生产性能，防止品种退化，还可以培育出新的品种。一个品种内的品系越多，品种的内部结构就越丰富。品系繁育增加了品种的变异性，使品种有不断改进与提高的潜力。

④做好引进外来品种的保种和风土驯化工作　划定良种基地，防止品种混杂；建立核心保种群；采用各家系等比例留种，提高群体有效含量；做好选配工作，防止近交；并通过一定的育种手段，将其分成若干类群，采用同质选配的办法，建立多个各具突出特点的类群，使之适应当地气候环境条件和饲养条件，保持和发展其高产性能和优良品质。

⑤引入同种异血种兔进行血缘更新　长期在一个特定的环境下进行纯种繁育，会导致后代生活力和生产性能下降。为了避免产生种质退化现象，种兔场定期应引入同一品种无血缘关系的种兔进行血缘更新，以改善兔群的品质，这是最简单、最有效的防止品种退化的措施之一。

(2)杂交繁育　杂交繁育是在不同品种或品系内进行的公、母兔之间的选配。由于不同的家兔品种有其各自的特征，通过杂交繁育就有可能将不同品种的优良性状汇集在一起，而且杂交以后由于变异性加大，往往会产生一些新的突变个体，在育种工作中，从新的突变体中发现我们需要的性状是培育新品种的重要途径，现在世界上许多家兔品种就是通过杂交繁育选育成功的。在不同代数的杂交后代中，杂种优势随代数的升高而降低。也就是说，第一代杂种具有最强的杂种优势，二代次之，三代更次之，四代

以后基本上就不显示了。所以,商品生产中以利用第一代杂种最为普遍。

杂交繁育也有缺点。首先,杂种的遗传性很不稳定,许多祖代的优良性状不能完全遗传给后代,而且兔群也很不一致。由于生产群中一般只用个体的本身性状,因此可充分利用杂交,而在育种群中,就必须适当掌握杂交,并辅以严格的选种选配,这样才可能使育种工作更有成效。其次,杂交容易使原品种的某些优点丢失,尤其是在漫无目的的胡乱杂交中,可能使杂种后代既不显示原品种的优点,也不显示杂种优势,从而使生产受到影响。

2. **毛兔新品系培育方法** 主要有系祖建系法、近交建系法和群体继代选育法。

(1)系祖建系法 系祖建系法是以一只种兔为中心繁殖起来的一个种兔群。首先在兔群中选出性能特别优良的种公兔作为建立品系的系祖,要求有独特的遗传稳定性,无不良基因。然后选择没有亲缘关系、具有共同特点、表型相似的优良母兔5~10只与之交配(同质交配,避免亲交),从其后代中选择性能突出的公兔作为系祖的继承者,然后采用中等程度的亲缘交配。实质上是把个别优异的系祖通过以亲缘选配为主的方式扩群,以获得大量同质的后代。这种以一个优秀种公兔为中心繁殖形成的一群种兔称为系祖品系,也称单系。系祖品系的特点是性能突出,遗传性较稳定,群体数量少,形成较快,系内近交程度较高。缺点是寿命不长,系祖和系祖的继承者难以寻找和培育。值得注意的是,品系不是亲缘群,并不是系祖的全部后代都是品系成员,只有那些保持或发展了系祖特点的个体才是品系的成员。

系祖建系的步骤如下。

①选择或培育系祖 只有性状突出的优秀个体(不仅具有独特的遗传稳定性的优良性状,而且其他性状也达到一定水平),才能作为系祖,系祖应该是尽善尽美的,但是也允许次要性状有一定

的缺点。

②选择配偶　给系祖选择合适的配偶，产生大量的优秀后代，一般进行同质选配，但并不是绝对禁止近交，应慎重选择配偶，以配偶的优点去弥补系祖的某些次要缺点。

③选择和培育继承者　为了巩固和发展系祖的优良类型，光靠系祖的选种和选配是不够的，还必须加强对后代的培育和选择，作为系祖的继承者。只有那些完整地继承系祖优良类型的才能成为继承者，其数量应尽量多，否则，会使系祖的突出优点不易完整地巩固下来。

系祖建系过程中，每一代都应严格选配，采用同质选配，选配效果好时就尽量不用近交。一般情况下，在最初一、二代避免近交，第三代才开始围绕系祖进行中亲交配。为了迅速巩固系祖的优良性状，也可用较高程度的近交，必要时可用系祖回交。如果近交出现衰退现象，应立即停止近交，但要采用同质选配。交替采用近交和远交是较常见的选配方式。

(2)近交建系法　近交建系法是选择遗传基础比较丰富、品质优良的种兔，通过高度近交，如父女、母子或全同胞、半同胞交配，在此基础上结合选择淘汰，获取优秀性状，得到纯合的后代即培育成近交系。例如，用连续两代全同胞交配，使后代近交系数达50%以上，而采用连续四代半同胞交配，使后代的近交系数可达38.7%以上。近交建系的优点是近交程度较高，群体较小，品系育成快，纯度高。缺点是可能使有害基因纯合，引起生活力下降，抗病力降低，系群寿命不长，培育的成本费用较高。在毛兔方面近交系的培育已有报道。

近交系与系祖建系法不同，不仅在于近交程度不同，而且近交方式也不同。它不是围绕一只优秀个体进行近交，所以建立近交系时首先要建立基础群。基础群母兔越多越好，而公兔不宜过多，以免近交后群体中出现纯合类型过多，影响近交系的建成。公兔

应力求是同质的，而且相互间有亲缘关系。近交建系的交配方式有的采用连续的全同胞交配或亲子交配。

（3）群体继代选育法　群体继代选育法是以群体为对象的品系繁育方法。首先选择基础群，然后闭锁群体，在基础群内根据生产性能、体型外貌、血缘来源等进行严格的选种选配，以培育出符合预定目标、性能优良、遗传稳定、整齐均一的兔群。这样的品系称为群系，其优点是系群较大，可以容纳较多的优良基因，建系速度快，一般闭锁选育5个世代就可育成一个新品系。缺点是有时选种不够准确或者基础群组建不好，导致品系性能平平。

群体继代选育法的步骤如下。

①选择基础群　由于采用这种方法建系一开始就封闭兔群，不再引进种兔，所以将来建成的品系性状仅限于基础群基因素材的范围，因此选择基础群非常重要。必须按照建系目标，将所有应具备的优良性状的基因都汇集在基础群内。

基础群可以是同质的，也可以是异质的。当预期的品系同时具备多方面的优点时，基础群以异质为好。若拟建立的品系需要突出个别少数性状，则基础群以同质为好。基础群要有一定的数量。根据经验，每世代应有100只以上母兔和10只以上公兔。群内个体的近交系数应很低，公兔之间没有亲缘关系，以免造成被迫进行较早的近交。

②闭锁繁育　按照此法建系，兔群必须严格封闭，至少4～6个世代不能引入任何其他来源的种兔。在群内，一般以家系为单位进行随机交配，但为了防止近交程度过高，还应有意识地避免同胞等嫡亲交配，以使近交系数缓慢上升。

③严格选留　为了尽快实现育种目标，每一世代种兔的早选和选准是关键。因此，每一世代的仔兔争取在同期出生，在同样的环境和管理条件下生长和繁殖，以便根据本身和同胞的生产性能进行严格选择。选择的标准和方法代代保持不变，所以称为继代

选育;每代种兔的选择应分阶段进行,因为很难从仔兔出生时就知道哪只兔好或坏。开始选择的数量应该多一些,逐渐淘汰到预定规模;在留种时应该照顾家系,一般每个家系都要选留一些,当然表现好的多留,表现一般的少留,除非个别家系特别不好才全部淘汰。兔子的饲养周期短,世代间隔应尽量更短一些,以加快遗传进展。一般来说,每年至少 1 个世代,或 2 年 3 个世代,3 年 5 个世代。这样,就不能依靠后裔鉴定选种,应依靠本身和同胞的成绩为主。必须强调,缩短世代间隔只是解决快的问题,但必须保证子代优于上代;否则,子代不如上代,世代间隔越短,退化越快。

第四章
饲料开发与营养需要

一、我国家兔饲料生产状况和存在的问题

(一)粗饲料资源丰富,利用难度大

家兔属于单胃草食家畜,饲草和秸秆是其必备饲料原料。我国幅员辽阔,作物秸秆和饲草资源极其丰富。据资料介绍,我国各种可饲用的秸秆及秧、蔓年总产量6亿吨左右。加之,我国种植了部分人工牧草(如人工种草面积0.134亿公顷)和4.02亿公顷的天然草场,尽管目前存在不同程度的退化现象,但饲草产量不可低估。而家兔饲料生产中遇到的最大难题是粗饲料难以解决:一是优质牧草价格高、供应紧张。比如,苜蓿干草主要用于大中城市郊区奶牛养殖,其价格较高,家兔饲料成本难以承受;二是粗饲料种类繁多、零散,难以收集;三是粗饲料体积大、比重轻,贮藏难度大;四是多数粗饲料存在安全隐患,尤其是发霉现象比较普遍,大大限制了其安全使用。据笔者了解,我国大大小小的家兔饲料生产企业和养殖场,在粗饲料方面鲜有不出现失误的情况。粗饲料已经成为我国家兔养殖业规模化发展的最大限制因素之一。

(二)尚无统一的饲养标准,饲料质量千差万别

家兔的营养标准很多,我国在20世纪80年代末期曾经制定了家兔营养标准,但后来未见修订。而资料上多介绍的是美国、德国和法国的标准。饲料企业和家兔养殖场在饲料标准的制定方面无所适从,多数采取摸着石头过河的方法。因此,不同饲料厂家的产品质量差别较大。

(三)药物滥用,安全隐患严重

家兔的疾病较多,尤其是消化道疾病,成为养兔生产和饲料生产的难题之一。一些养殖场和饲料厂,为了预防疾病和生产"安全"饲料,往往自觉或不自觉地在饲料中添加药物,给绿色兔肉生产带来严重的隐患。

(四)小型饲料厂星罗棋布,无序竞争激烈

与猪料和禽料生产不同,家兔饲料生产企业起步较晚,规模较小,但数量大,分布广泛。据了解,河北省是家兔饲料工业发展较早的省份,目前有不同规模的饲料厂近百家。尽管一些企业的产品在国内10余个省市销售,但真正的大型企业寥寥无几,其他省市的情况大同小异。产品规格不高,无序竞争激烈,大打价格战是一种普遍现象。

(五)饲料纠纷不断,兔农苦不堪言

制作家兔饲料并非易事,尤其是对于普通的农村家庭兔场,一般缺乏饲料生产和家兔营养的专业培训。因此,很多兔场选择使用商品饲料。但生产中出现问题很多,比如中毒性疾病、腹泻、流产和死胎、球虫等。对于缺乏专业知识的广大兔农而言,出现上述问题难以解决。而一些饲料厂家缺乏责任感,对于明显属于饲料

的问题却推脱搪塞。

二、我国家兔饲料资源开发

（一）饲料的分类

家兔饲料的种类很多，营养价值各异，根据国际饲料命名和分类原则，按饲料特性分为：粗饲料、青绿饲料、青贮饲料、能量饲料、蛋白质饲料、矿物质饲料、维生素饲料和添加剂8类。

1. **粗饲料**　粗饲料指饲料中以干物质计算、粗纤维含量高于18%的一类饲料，如干草类、农副产品类（秸秆、壳、藤）、糟渣类和干树叶类等。

2. **青绿饲料**　青绿饲料指饲料中水分含量在60%以上的饲料，如各种牧草、鲜树叶类以及非淀粉质的块茎、块根、瓜果类。

3. **青贮饲料**　青贮饲料指用新鲜的天然性植物调制成的青贮饲料，包括水分含量在45%~55%的低水分青贮（半干青贮）料。青绿饲料并补加适量糠麸或根、茎、瓜类制成的混合青贮饲料也属此类。

4. **能量饲料**　能量饲料指饲料干物质中粗纤维含量低于18%、蛋白质含量低于20%的饲料，如谷实类、糠麸类，富含淀粉的块根、块茎，油脂和糖蜜类等。

5. **蛋白质饲料**　蛋白质饲料指饲料干物质中蛋白质含量为20%以上、粗纤维含量低于18%的饲料，如豆类、饼粕类、动物性饲料、单细胞蛋白质、非蛋白氮和人工合成氨基酸等。

6. **矿物质饲料**　矿物质饲料包括工业合成的、天然的单一矿物质饲料，多种混合的矿物饲料及混有载体的多种矿物质化合物配成的矿物质添加剂预混料。无论提供微量元素或常量元素者均属此类。

7. **维生素饲料** 维生素饲料指工业合成或提纯的单种维生素或复合维生素,但不包括某一种或几种维生素含量较多的天然饲料。

8. **添加剂** 添加剂指饲料中添加的除矿物质、维生素饲料及人工合成氨基酸以外的各种添加剂,包括防腐剂、着色剂、抗氧化剂、调味剂、生长促进剂和各种药物性添加剂。

(二)各类饲料的营养特点及其开发利用

1. 粗饲料

(1)粗饲料的营养特点

①粗纤维含量高、消化率低 粗饲料的粗纤维含量一般为25%~50%,青干草粗纤维含量较少,为25%~30%。粗纤维中含有较多的木质素,很难消化,营养价值低且适口性差。

②粗饲料中粗蛋白质含量差异较大,且品质差,不易消化 豆科干草含粗蛋白质10%~19%,禾本科干草为6%~10%,而秸秆、秕壳仅为3%~5%。在喂兔时,应根据粗蛋白质含量相互搭配使用。

③含钙量高,含磷量低 豆科干草和秸秆含钙量为1.5%左右,禾本科干草和秸秆含钙量仅为0.2%~0.4%。各种粗饲料中磷的含量都很低,一般为0.1%~0.3%,其中秸秆类含磷量均在0.1%以下。

④维生素D含量丰富,其他维生素含量较少 优质干草中含有较多的胡萝卜素,特别是日晒后的豆科干草含有大量的维生素D,各种秸秆和秕壳几乎不含胡萝卜素和B族维生素,只有维生素D含量丰富。

⑤体积大,吸水性强 所有粗饲料均体积大,质地粗糙,利用率低,可刺激家兔胃肠道蠕动,对大肠微生物发酵也提供一定的环境,有利于食糜排空。

(2)常用的粗饲料　兔用粗饲料主要包括干草或稿秆两大类,其中常见的有干青草、豆秸、玉米秸、荚壳和各种藤蔓类。

①作物秸秆　秸秆饲料主要指农作物收获后所剩下的茎秆枯叶部分,其营养价值因秸秆种类而不同。包括玉米秸、麦秸、稻草、高粱秸、谷草和豆秸等。这类饲料粗纤维含量高,可达30%~45%,其中木质素比例大,一般为6.5%~12%。玉米秸是我国北方的主要粗饲料,其营养价值因品种、生长期、秸秆部位而不同。一般夏玉米比春玉米营养价值高,叶片较茎秆营养价值高,兔日粮中添加以10%以内为好。麦秸是禾本科中较差的秸秆,长期饲喂家兔易便秘,日粮中添加不应超过5%。稻草比玉米秸和麦秸较好,在日粮中可添加10%~15%。谷草营养价值优于麦秸和稻草。豆科植物收获以后的秸秆,虽质地较禾本科植物硬,但粗蛋白质含量较高,适口性好,日粮中可添加5%~10%。

②青干草　青干草是由天然草地或栽培牧草经日晒或人工干燥除去大量水分而制成。其营养价值受植物种类组成、刈割期和调制方法的影响。禾本科牧草蛋白质含量低,钙含量不足,但维生素较高,可占家兔日粮的30%左右。豆科青干草蛋白质含量高,粗纤维含量低,钙含量丰富,饲用价值高。豆科青干草以人工栽培牧草为主,如苜蓿草、草木樨等,在日粮中可占45%~50%。

③荚壳类　荚壳类是农作物子实脱壳后的副产品,包括谷壳、稻壳、高粱壳、花生壳、豆荚等。除了稻壳和花生壳外,荚壳的营养成分高于秸秆。豆荚的营养价值比其他荚壳高,尤其是粗蛋白质含量高,兔日粮中可添加10%~15%。禾谷类荚壳中,谷壳含蛋白质和无氮浸出物较多,粗纤维较低,营养价值仅次于豆荚,日粮中添加不超过8%。

④树叶类　许多阔叶落叶树的树叶都能用于喂兔,但营养价值受产地、季节、品种、部位影响较大。豆科树叶如洋槐叶和紫穗槐叶粗蛋白质含量丰富可达18%~23%,洋槐叶可占日粮的

30%~40%;紫穗槐叶有不良气味,影响家兔采食,日粮中可添加10%~15%。果树叶鲜嫩时营养价值高,粗蛋白质可达10%,日粮中可添加15%~25%,但应注意果树叶中的药物残留。其他树叶如杨树叶、榆树叶、柳树叶等都是家兔的好饲料。

⑤糟渣类　糟渣类为生产酒、醋、糖、酱油等的工业副产品,营养价值各具特点。其中,啤酒糟蛋白质含量可达22%左右,粗纤维含量较低,对空怀兔和妊娠前期母兔可占日粮的30%左右,生长兔和泌乳母兔可占日粮的12%~18%。白酒糟营养价值与啤酒糟相似,可占生长兔日粮的20%左右,因含有一定量的酒精,妊娠、泌乳母兔的添加量应控制在15%以内。其他糟渣可根据情况不同酌量添加。

⑥荚藤蔓类　荚藤蔓类粗纤维含量较少,可溶性碳水化合物较多,适口性好,消化率高,家兔日粮中可添加20%~30%。

2. 青绿饲料

(1)青绿饲料的营养特点

①蛋白质含量丰富且品质优良　一般禾本科牧草和蔬菜类饲料的粗蛋白质含量在1.5%~3.0%,豆科青饲料在3.2%~4.4%。含赖氨酸较多,可补充谷物饲料中赖氨酸的不足,青饲料蛋白质中氨化物(游离氨基酸、酰胺、硝酸盐)占总氮的0~60%。氨化物中游离氨基酸占60%~70%,生长旺盛期植物氨化物含量高,但随着植物生长,纤维素增加而蛋白质逐渐减少。

②粗纤维含量较低,无氮浸出物较高,有机物质利用率高　青饲料干物质中粗纤维不超过30%,叶菜类不超过15%,无氮浸出物在40%~50%,粗纤维的含量随着植物生长期延长而增加,木质素含量也显著增加。一般来说,植物开花或抽穗之前,粗纤维含量较低;木质素增加1%,有机物质消化率下降4.7%。

③钙、磷含量丰富且比例适宜　青饲料中矿物质占鲜重的1.5%~2.5%,是矿物质的良好来源。

④维生素含量丰富 特别是胡萝卜素含量较高，每千克饲料中含 50~80 毫克，B 族维生素、维生素 E、维生素 C 和维生素 K 含量较多，但维生素 B_6（吡哆醇）很少，缺乏维生素 D。

⑤适口性好 青绿饲料鲜嫩多汁，清脆可口，家兔喜食。

综上所述，青绿饲料是一种营养价值相对平衡的饲料，它幼嫩多汁，适口性好，消化率高，不但能大大降低饲料成本，又可为家兔提供较全面的营养物质。不足的是，天然青绿饲料含水分较高，营养浓度低，限制了其潜在的营养优势作用。

(2) 常用的青绿饲料

①牧草及杂草 主要指天然牧草和野生杂草，其种类繁多。在幼嫩青草时期，含水多，粗蛋白质相对较高，粗纤维相对较低。各种维生素和矿物质元素含量也较丰富。因而按干物质中养分含量计，其营养价值较高，是天然的、全面平衡的饲料，但随着生长老化，品质逐渐降低。利用天然牧草及杂草喂兔，是降低饲料成本、获取高效益的有效方法。

②人工牧草 人工牧草指人工播种栽培的牧草，如苜蓿、草木樨、聚合草、苦荬菜等。家兔在饲喂配合料的同时，补喂部分优质人工牧草，不仅可以取代部分维生素添加剂，减少精料喂量，节约饲料费用，而且对于提高公兔的配种能力，提高母兔的泌乳力、受胎率，加快育肥兔的生长速度等大有好处。

③蔬菜类 人类可食用的蔬菜几乎都可以饲喂家兔。在冬春缺青季节，一些蔬菜可作为家兔的补充饲料，如白菜、萝卜、菠菜、甘蓝等。这类饲料因水分含量高，不易贮存且易使家兔患消化道疾病，应限制其用量。

④树叶类 多种树叶蛋白质含量高，营养价值高，可作为家兔的饲料，主要有槐树叶、桑树叶、榆树叶等。

⑤青刈作物 青刈作物指用玉米、麦类、豆类等进行密植，在子实未成熟前收割下来饲喂家兔。此类饲料多青嫩多汁，适口性

好,营养丰富。

⑥多汁饲料　用于饲喂家兔的多汁饲料主要为胡萝卜、白萝卜、甜菜、甘薯等,它们幼嫩多汁,适口性好,维生素含量丰富。是冬天家兔缺青时期主要的维生素补充料。

⑦水生饲料　水生饲料在我国南方种植较多,主要有水浮莲、水葫芦、水花生、绿萍等,都是家兔喜吃的青绿饲料。水生饲料生长快,产量高,具有不占耕地和利用时间长等特点。其茎叶柔软,适口性好,含水率高达 90%~95%,干物质较少。在饲喂时,要洗净并晾干表面的水分后再喂。将水生饲料打浆后拌料喂给家兔效果也很好。

⑧野草、野菜类饲料　家兔最喜欢吃的野草、野菜有蒲公英、车前草、苦荬菜、荠菜、艾蒿、蕨菜等。在采集时,要注意毒草,以防家兔误食中毒。此外,河北农业大学家兔课题组开展了野生葎草饲用价值的研究,发现野生葎草具有与苜蓿等同的营养价值和饲用价值,作为苜蓿的替代品饲喂家兔,能表现出很好的生产性能,且具有防止家兔腹泻的效果。

3. 能量饲料

(1)能量饲料的营养特点　能量饲料淀粉含量丰富,粗纤维含量少(一般在 5%左右),易消化,能值高。蛋白质含量在 10%左右,其中赖氨酸和蛋氨酸较少,矿物质中磷多钙缺,维生素中缺乏胡萝卜素。此类饲料适口性好,消化率高,容易贮存,是家兔优质的精饲料。

(2)常用的能量饲料

①谷实类　谷实类饲料是家兔最主要的能量饲料,常见的主要有玉米、小麦、高粱、大麦、燕麦、粟、稻等。此类饲料突出的特点是淀粉含量高,粗纤维含量低,可利用能量高。缺点是蛋白质含量低,氨基酸组成上缺乏赖氨酸和蛋氨酸,缺钙、维生素 A 及维生素 D,磷含量较多但利用率低。

玉米是家兔最常用的能量饲料，含淀粉多，消化率高，粗纤维含量很少，且脂肪含量可达 3.5%～4.5%，所以玉米的可利用能高，如果以玉米的能值作为 100，其他谷实类饲料均低于玉米。玉米含有较高的亚油酸，可达 2%，占玉米脂肪含量的近 60%，玉米中亚油酸含量是谷实类饲料中最高的。玉米蛋白质含量低，氨基酸组成不平衡，特别是赖氨酸、蛋氨酸及色氨酸含量低。维生素 A 的含量较高，维生素 E 含量也不少，而维生素 D、维生素 K 几乎不含有。水溶性维生素除维生素 B_1 外均较少。玉米营养成分的含量不仅受品种、产地、成熟度等条件的影响而变化，同时玉米水分含量也影响各营养素的含量。玉米水分含量过高，还容易腐败、霉变而容易感染黄曲霉菌。黄曲霉毒素 B_1 是一种强毒物质，是玉米的必检项目。玉米经粉碎后，易吸水、结块、霉变，不便保存。因此，一般玉米要整粒保存，且贮存时水分应降低至 13%以下。由于玉米淀粉含量很高，如在饲料中用量过高，容易引起盲肠和结肠碳水化合物负荷过重，而使家兔出现盲肠炎，所以兔饲粮中用量一般不超过 30%。

小麦的粗纤维含量和玉米接近，粗脂肪含量低于玉米，粗蛋白质含量高于玉米，为 11.0%～16.2%，但必需氨基酸含量较低，尤其是赖氨酸。小麦的能值较高，为 12.89 兆焦/千克。小麦钙少磷多，且磷主要是植酸磷。小麦含 B 族维生素和维生素 E 多，而维生素 A、维生素 D 和维生素 C 极少，用量可为 10%～39%。在谷物子实中，燕麦的粗纤维含量较高，淀粉含量较低，适口性较好，B 族维生素含量丰富。高粱中因含有较高的缩合单宁，降低了适口性和饲用价值，喂量不宜过多。大麦粗蛋白质含量比玉米高，含粗纤维较多，饲喂家兔比喂猪、喂鸡效果好。

②糠麸类　糠麸类饲料包括碾米、制粉等粮食加工的副产品。同原粮相比，除无氮浸出物含量较少外，其他各种养分含量都较高。米糠和麦麸的含磷量高达 1%以上，并含有丰富的 B 族维生

素和维生素 E。糠麸中的含磷量虽然较多,但其中植酸磷占 70% 左右。结构疏松,含有适量的粗纤维和硫酸盐等,有轻泻作用,可防便秘。因吸水性强,易发霉变质,不易贮存。

小麦麸是家兔常用饲料,是生产面粉的副产物。麦麸代谢能值与粗纤维含量呈负相关,大约为 6.82 兆焦/千克,粗蛋白质 15%,粗脂肪 3.9%,粗纤维 8.9%,灰分 4.9%,钙为 0.10%,磷为 0.92%,其中植酸磷占 0.68%左右。小麦麸含有较多的 B 族维生素,如维生素 B_1、维生素 B_2、烟酸、胆碱,还含有维生素 E。麦麸适口性好,质地蓬松,是妊娠后期母兔的好饲料。在家兔日粮中可占到 10%~20%,如过多会导致轻泻。

大米糠因稻米精制程度不同,饲用价值不同,米糠中脂肪含量较高,在家兔日粮中可占到 10%~15%。其他糠类,如小米糠、玉米糠、粟糠等都可以作为家兔饲料。

稻谷在碾米过程中,除得到大米外,还得到其副产品——砻糠、米糠及统糠。砻糠即稻壳,因坚硬难消化,不宜作饲料用。米糠为去壳稻粒(糙米)制成精米时分离出的副产品,其有效能值变化较大,随含壳量的增加而降低。粗脂肪含量高,易在微生物及酶的作用下发生酸败、发霉。酸败米糠可造成家兔腹泻,因此最好用新鲜的米糠喂兔。为使米糠便于保存,可经脱脂生产米糠饼。经榨油后的米糠饼脂肪和维生素减少,其他营养成分基本被保留下来。稻壳和米糠的混合物称为统糠,其营养价值介于砻糠和米糠之间,因含壳比例不同有较大的差异。统糠在农村中用得很广,是一种质量较差的粗饲料,不适宜喂断奶兔,大兔和肥育兔用量一般应控制在 15%左右。

4. **蛋白质饲料** 蛋白质饲料按其来源可分为植物性蛋白质饲料、动物性蛋白质饲料、单细胞蛋白质饲料及工业合成蛋白质饲料等。

(1)植物性蛋白质饲料 此类饲料包括饼粕在内及一些粮食

加工副产品等。饼粕类饲料是油料子实榨油后的产品。其中，榨油后的产品通称“饼”，用溶剂提油后的产品通称“粕”，这类饲料包括大豆饼和豆粕、棉籽饼、棉籽粕、菜籽饼、花生饼、芝麻饼、向日葵饼、胡麻饼和其他饼粕等。各类油料子实共同特点是油脂与蛋白质含量较高，而无氮浸出物比一般谷物类低。因此，提取油脂后的饼粕产品中的蛋白质含量就显得更高，再加上残存不同含量的油分，故一般的营养价值（能量与蛋白质）较高。淀粉工业副产品（玉米蛋白粉、粉浆蛋白粉）、酿酒副产品（酒糟）、食品工业副产品（豆腐渣）等也是很好的蛋白质饲料。

①豆科子实　豆科子实常用作饲料的有大豆、豌豆和蚕豆（胡豆）。这类饲料除具有植物性蛋白质饲料的一般营养特点外，最大的优点是蛋白质品质好，赖氨酸含量按近 2%，与能量饲料配合使用，可弥补部分赖氨酸缺乏的弱点。但该类饲料含硫氨基酸受限。另一特点是脂溶性维生素 A、维生素 D 较缺。豆科子实含有抗胰蛋白酶、皂素、血细胞凝集素和产生甲状腺肿大的物质，它们影响该类饲料的适口性、消化率及动物的一些生理过程。这些物质经适当热处理即会失去作用。因此，这类饲料应当熟喂，且喂量不宜过高。

②大豆饼（粕）　豆粕和豆饼是制油工业不同加工方式的副产品。豆粕是浸提法或预压浸提法取油后的副产物。粗蛋白质含量在 43%～46%，豆饼的加工工艺是经机械压榨浸油，粗蛋白质含量一般在 40%以下。豆粕（饼）是最优质的植物性蛋白质饲料，富含赖氨酸和胆碱，消化水平高，适口性好，易消化等，但蛋氨酸不足，含胡萝卜素、硫胺素和核黄素较少。品质良好的豆粕颜色应为淡黄色至淡褐色。太深表示加热过度，蛋白质品质变差。太浅可能加热不足，大豆中的抗胰蛋白酶灭活不足，影响消化。由于豆粕和豆饼价格较高，考虑到饲料成本一般添加量在 5%～15%，最大用量不宜超过 30%。

③菜籽饼(粕)　菜籽饼(粕)是主要产于我国南方地区,含有较高的蛋白质,达34%~38%。氨基酸组成较平衡,含硫氨基酸含量高是其突出的特点,且精氨酸与赖氨酸之间较平衡。菜籽饼(粕)的粗纤维含量较高,影响其有效能值。含磷较高,磷高于钙,且大部分是植酸磷。微量元素中含铁量丰富,而其他元素则含量较少。菜籽饼带有辛辣喂,适口性差。其中,含有异硫葡萄糖苷,水解后产生的异硫氰酸盐可导致甲状腺肿大和泌尿系统发生炎症。一般在兔日粮中添加不超过10%。

④棉籽饼(粕)　棉籽饼(粕)是棉籽榨油后的副产品,粗蛋白质含量为36%~41%,因含有游离棉酚等毒素,必须限量饲喂,或先脱毒处理后与其他饲料配合饲喂,一般用量在8%以下。如果家兔以青绿饲料为主,棉粕用量还可适当增加。

⑤花生仁饼(粕)　花生仁饼(粕)为花生仁榨油后的副产品,粗纤维含量低,蛋白质含量高,富含精氨酸、组氨酸,但赖氨酸、蛋氨酸较缺,带壳花生饼含粗纤维高达15%以上,饲用价值低。花生饼的适口性很好,家兔喜食。一般花生饼占日粮的5%~15%。花生仁饼(粕)宜贮藏在低温干燥处,高温高湿条件下易感染黄曲霉而产生黄曲霉素,导致家兔中毒。

⑥葵籽饼(粕)　脱壳向日葵籽饼(粕)粗蛋白质含量为36%~40%,粗纤维为11%左右,但带壳者分别为20%以下和22%左右。成分与棉饼(粕)相似。在蛋白质组成上以蛋氨酸高、赖氨酸低为主要特点(与豆粕相比,蛋氨酸高53%,赖氨酸低47%)。与豆粕配合作用时(取代豆粕50%左右),能使氨基酸互补而得到很好的饲养效果,但不宜作为饲粮中蛋白质的唯一来源。带壳饼(粕)的用量不宜超过5%。

⑦胡麻饼　胡麻饼为胡麻种子榨油的副产品,也叫亚麻饼。粗蛋白质含量为30%左右,赖氨酸含量低,含有抗维生素B_6的因子。并含有亚麻子胶和硫氰酸苷,后者水解产生氢氰酸对动物有

致命作用。喂量过多首先引起肠道黏膜脱落、腹泻，动物很快死亡。一般情况下，热榨或经热处理的亚麻饼在饲粮中的比例不超过 10%，最好与其他饼粕配合使用。

其他饼(粕)如芝麻饼含蛋白高达 40%，米糠饼等经适当处理或限制喂量均可作为家兔的蛋白质饲料。此外，一些其他加工副产品，如玉米蛋白粉、酒精蛋白、豆腐渣等都可作为家兔的蛋白质饲料。

⑧糟渣类饲料　糟渣类饲料是酿造、淀粉及豆腐加工行业的副产品，常见的有玉米加工副产物、豆腐渣、酱油渣、粉渣、酒糟、醋糟、果渣、甜菜渣、甘蔗渣、菌糠。

玉米以湿磨法提取油脂和淀粉的加工过程中，共有 4 种副产品可作为饲料，分别为玉米浆、胚芽粕、玉米麸质饲料和蛋白粉。

玉米浆中溶解有 6%左右的玉米成分，这些被溶解的物质大部分是可溶性蛋白质，还有可溶性糖、乳酸、植酸、微量元素、维生素和灰分。

玉米胚芽粕含 20%的粗蛋白质，还有脂肪、各种维生素、多种氨基酸和微量元素。适口性好，容易被动物吸收。但发霉的玉米制成淀粉后，其胚芽粕中霉菌毒素含量为原料的 1~3 倍，并且胚芽粕如抽脂不完全，则易氧化、不耐贮存。

玉米麸质饲料是玉米皮及残留的淀粉、蛋白质、玉米浆和胚芽粕的混合物，也叫玉米蛋白饲料，含粗蛋白质 20%。

玉米蛋白粉又称玉米面筋粉，是用玉米生产玉米淀粉时的副产品。其产量为原料玉米的 5%~8%。由于加工方法及条件不同，蛋白质的含量变异很大，在 25%~60%。蛋白质的利用率较高，氨基酸的组成特点是蛋氨酸含量高而赖氨酸不足。玉米蛋白粉在家兔饲料中可添加 2%~5%。

豆腐渣、酱油渣及粉渣多为豆科子实类加工副产品，与原料相比，粗蛋白质含量明显降低，但干物质中粗蛋白质的含量仍在

20%以上,粗纤维明显增加。维生素缺乏,消化率也较低。酱油渣的含盐量极高(一般 7%),使用时一定要考虑这一因素。这类饲料水分含量高,一般不宜存放过久,否则极易被霉菌及腐败菌污染变质。

豆腐渣是家兔爱吃的饲料之一。使用豆腐渣喂家兔时要注意:不可直接生喂,要加工成八成熟,否则其中含有的胰蛋白抑制因子阻碍蛋白质的消化吸收;喂量一般控制在 20%~25%(鲜)或8%(干)以下,不要过量饲喂;另外,要注意与其他饲料搭配使用。

酒糟、醋糟多为禾本科子实及块根、块茎的加工副产品,无氮浸出物明显减少,粗蛋白质及粗纤维含量明显提高。

酒糟除含有丰富的蛋白质和矿物质外,还含有一定数量的乙醇,热性大,有改善消化功能、加强血液循环扩张体表血管、产生温暖感觉等作用,冬季应用抗寒应激作用明显。但被称为“火性饲料”,容易引起便秘,喂量不宜过多,并要与其他优质饲料配合使用。一般繁殖兔喂量在 15%以下,育肥兔可在 20%左右,比例过大易引起消化不良。

啤酒糟是制造啤酒过程中的虑除残渣。啤酒糟含粗蛋白质25%、粗脂肪 6%、钙 0.25%、磷 0.48%,且富含 B 族维生素和未知因子。生长兔、泌乳兔饲粮中啤酒糟可占 15%,空怀兔及妊娠前期可占 30%。

鲜醋糟含水分在 65%~75%,风干醋糟含水分 10%,粗蛋白质9.6%~20.4%,粗纤维 15%~28%,并含有丰富的矿物质,如铁、铜、锌、锰等。醋糟有酸香味,兔喜欢吃。少量饲喂,有调节胃肠、预防腹泻的作用。大量饲喂时,最好与碱性饲料配合使用,如添加小苏打等,以防家兔中毒。一般育肥兔在饲粮中添加 20%,空怀兔 15%~25%,妊娠、泌乳母兔应低于 10%。

菌糠疏松多孔,质地细腻,一般呈黄褐色,具有浓郁的菌香味。在家兔饲料中添加 20%~25%菌糠(棉籽皮栽培平菇后的培养料)

可代替家兔饲料中部分麦麸和粗饲料，不影响家兔的日增重和饲料转化率。若发现蘑菇渣长有杂菌，则不可喂兔，以免中毒。

麦芽根为啤酒制造过程中的副产品，是发芽大麦去根、芽后的产品。麦芽根为淡黄色，气味芳芬，有苦味。其营养成分为：粗蛋白质24%~28%，粗脂肪0.4%~1.5%，粗纤维14%~18%，粗灰分6%~7%，B族维生素丰富，另外还有未知生长因子。麦芽根因其含有大麦芽碱，味苦，喂量不宜过大，在兔饲料中可添加到20%。

（2）动物性蛋白质饲料　动物性蛋白质饲料的特点是蛋白质含量高、品质好，含必需氨基酸齐全，生物学价值高。含碳水化合物很少，几乎不含粗纤维。矿物质中钙、磷含量较多，比例恰当，另外微量元素含量也很丰富。B族维生素含量丰富，特别是维生素B_6含量高，还含有一定量脂溶性维生素，如维生素D、维生素A等。动物性蛋白质饲料还含有一定的未知生长因子，主要包括鱼粉、肉骨粉、血粉、羽毛粉、蚕蛹粉等。动物性蛋白质饲料在家兔饲粮中使用得并不广泛。

①鱼粉　鱼粉蛋白质含量高，且品质优良。鱼粉在品质和成分上差异很大，主要是因鱼粉原料的品质不同，加工方法和加工时的温度不同所致。进口鱼粉的粗蛋白质含量一般为60%~70%，国产鱼粉的粗蛋白质含量一般也在45%~55%，而且蛋白质中含有丰富的多种必需氨基酸。矿物质含量丰富，钙、磷含量高且比例好；另外，鱼粉中还含有较高的锌、铁、碘，这在其他蛋白质饲料中是不多见的。维生素含量也较丰富，对家兔生长、繁殖均有良好作用。因鱼粉含有特殊的鱼腥味，兔日粮中以控制在3%以内为宜。

②血粉　血粉是屠宰牲畜时收集得到的血液经过干燥等工艺而制成。蛋白质含量很高，可达80%以上，蛋白质中赖氨酸含量高达7%~8%。由于血粉的适口性不佳，蛋白质的消化率低，兔日粮中一般可加入0.5%~1%。

③羽毛粉　羽毛粉是各种家禽屠宰脱毛所得的羽毛，经高温

高压水解处理,再加以干燥和粉碎后制成的饲料,蛋白质含量可高达 84%以上,胱氨酸含量高达 3%以上,是毛兔良好的蛋白质饲料,在饲粮中用量可达 3%。另外,肉骨粉含粗蛋白质 50%~60%,品质和含量变化较大。家兔日粮中添加量一般为 1%~2%。蚕蛹干物质中含粗蛋白质 55%以上,氨基酸的含量较高。

(3)单细胞蛋白质饲料 单细胞蛋白质饲料主要包括一些微生物或单细胞藻类,如各种酵母、蓝藻与小球蓝藻等。它们的特点是营养成分丰富、蛋白质含量高、繁殖快、生产周期短。

饲料酵母原料来源丰富,生产设备简单,不受气候条件的限制,不与粮食、油料作物争地,生产成本较低,同时还具有保护环境、减少污染、变废为宝的作用,具有很大的发展前景。酵母的蛋白质含量高,一般在 30%~70%,而且蛋白质品质较好,同时还含有较多的维生素、矿物质,其营养价值介于植物性蛋白质饲料和动物性蛋白质饲料之间。在使用酵母类饲料时,应适当添加蛋氨酸,因酵母中含蛋氨酸较少。家兔日粮中酵母的比例一般在 2%~5%。

(4)工业合成蛋白质饲料 主要产品有赖氨酸、蛋氨酸、苏氨酸、精氨酸等,氨基酸对高产家兔必须添加。另外,一些非蛋白氮也可适当在家兔日粮中应用。

5. 矿物质饲料 矿物质饲料是补充动物矿物质需要的饲料。它包括人工合成的、天然单一的和多种混合的矿物质饲料,以及配合有载体或赋形剂的微量、常量元素补充料。矿物质饲料包括提供钙、磷等常量元素的矿物质饲料,以及提供铁、铜、锰、锌、硒等微量元素的无机盐类等。

(1)钙源饲料 石粉为石灰岩、大理石矿综合开采的产品,基本成分是碳酸钙,一般含钙 35%以上,是最廉价的钙源饲料。贝壳粉含钙量一般在 30%以上,是良好的钙源,鲜贝壳须经加热消毒处理后再利用,以免传播疾病。蛋壳粉含钙 35%以上,粉碎后也可喂家兔。骨粉和磷酸盐类为优质的补充磷和钙的饲料,骨粉

因加工方法不同，质量差异很大，其中以蒸制骨粉最好，含钙30%、磷14.5%，一般饲粮中加入2%~3%。

（2）磷源和磷、钙源饲料　磷酸氢钙中的钙、磷容易被动物吸收，是最常用的钙、磷饲料，无结晶水的磷酸氢钙含钙29.46%、磷22.77%，含2个结晶水的磷酸氢钙含钙23.29%、磷18.01%。此外，磷酸钙、过磷酸钙也是含钙、磷丰富的饲料，但吸收率不及磷酸氢钙。骨粉也是提供磷源的好饲料。

（3）食盐　食盐的主要成分是氯化钠，能提供植物性饲料较为缺乏的钠和氯两种元素，同时具有调味作用，能增强家兔食欲，提高饲料利用率。添加量一般占日粮的0.3%~0.5%。

（4）微量元素　根据动物必需微量元素的需要量，利用各微量元素的无机盐类或氧化物按一定比例配制而成微量元素添加剂，用以补充饲料中动物必需微量元素之不足。目前，各种微量元素添加剂品牌繁多，使用时既需认真鉴别质量，又需注意不同化合物微量元素的含量。

（5）天然矿物质饲料　膨润土是一种复杂的化合物，富含硅、钙、铝、钾、镁、铁、钠等有营养价值的元素，同时具有吸附作用，在家兔日粮中加入1%~3%，可减少疾病，提高生产水平，除去粪便臭味。沸石粉含有近30种对畜体有益的元素，一般饲料中可加入1%~3%。麦饭石的主要成分为氧化硅和氧化铝，具有较强的吸附作用，对畜体内有害气味和重金属有交换作用。

6. 添加剂　饲料添加剂是在饲料中添加的少量成分，通常起完善饲料营养、提高饲料利用率、刺激家兔生长、防治家兔疾病、减少饲料在贮存期间营养物质损失与变质的作用。饲料添加剂可以分为营养性和非营养性两大类，营养性添加剂指用于补充饲料营养成分的少量或者微量物质，如氨基酸、维生素和微量元素等；非营养性添加剂包括生长促进剂和驱虫保健剂等。

(1)营养性添加剂

①氨基酸添加剂　家兔饲料中使用氨基酸添加剂的目的是为了补充配合饲料中相应氨基酸的不足,起到完善氨基酸平衡的作用。根据家兔氨基酸需要特点和饲料中氨基酸的缺乏情况,在养兔生产中主要使用的氨基酸添加剂有蛋氨酸、赖氨酸、胱氨酸和精氨酸,其他氨基酸不常用。在家兔日粮中添加 0.1%的蛋氨酸,可提高蛋白质利用率;日粮中添加 0.05%~0.1%的赖氨酸,可起到促进生长的效果。

②维生素添加剂　它是由合成或提纯方法生产的单一或复合维生素。常用的有维生素 A、维生素 D、维生素 E、维生素 K、B 族维生素及氯化胆碱等。动物虽然对维生素的需要量不大,但其作用及其显著。家兔在规模化集约饲养条件下,必须在饲粮中加入一定量的维生素;否则,轻则影响家兔的生产性能,重则造成维生素缺乏,造成家兔死亡。为生产方便,维生素添加剂常采用复合配方。在生产中应根据不同生产目的和生理阶段选择使用。

③微量元素添加剂　与维生素添加剂一样,微量元素添加剂也是家兔配合饲料中不可缺少的营养物质。用于补充饲粮中某些微量元素的不足,维持和促进生理和生产的需要。因植物性饲料中微量元素含量与产地土壤中的微量元素含量以及植物品种有密切的关系,变动幅度较大,使用时应根据饲粮的情况进行补充,不可盲目添加。目前,家兔使用的微量元素添加剂大都含有铁、铜、锌、锰、碘、钴、硒等微量元素。

(2)非营养性添加剂　这类添加剂不是家兔必需的营养物质,但可以提高家兔生产水平和饲料利用率,改善饲料或畜产品品质。

①生长促进剂　生长促进剂主要作用为刺激家兔生长、改善饲料利用率、提高生产能力。主要包括抗生素、抗菌药物、激素、酶制剂等。抗生素作为生长促进添加剂使用时,其用量很微。主要

作用为可以削弱大肠内有害微生物,对某些致病细菌有抑制或杀灭作用,从而提高大肠的消化吸收能力,提高营养物质的利用率。家兔饲料中使用较为广泛的抗生素主要有杆菌肽锌、硫酸黏杆菌素等。抗菌药物主要是磺胺类药物。

②驱虫保健剂　球虫是家兔主要的体内寄生虫,高温高湿季节多发。为预防球虫,家兔饲料中常添加抗球虫药物,主要有氯苯胍、地克珠利、盐霉素、莫能菌素、球痢灵等。

③饲料品质改良剂　这类添加剂主要包括抗氧化剂、防霉剂、黏结剂、着色剂、调味剂、松散剂等。

三、饲料主要营养物质及其功能

(一)蛋白质

蛋白质是由氨基酸组成的一类含氮化合物的总称,饲料中的蛋白质包括真蛋白质和非蛋白含氮化合物两部分,统称为粗蛋白质。蛋白质是兔体的重要组成成分。据分析,成年家兔体内约含18%的蛋白质,以脱脂干物质计,粗蛋白质含量为80%。

1. 蛋白质的作用　蛋白质是家兔生命活动的基础,是构成家兔的肌肉、皮肤、内脏、血液、神经、结缔组织等的基本成分;家兔体内的酶、激素、抗体等的基本成分也是蛋白质,在体内催化、调节体内各种代谢反应和过程;是体组织再生、修复的必需物质;蛋白质是家兔的肉、奶、皮、毛的主要成分,如兔肉中蛋白质的含量为22.3%,兔奶中蛋白质的含量为13%~14%。

2. 蛋白质的组成　蛋白质的基本组成单位是氨基酸。组成蛋白质的氨基酸有一些在体内能合成,且合成的数量和速度能够满足家兔的营养需要,不需要由饲料供给,这些氨基酸被称为非必需氨基酸。有一些氨基酸在家兔体内不能合成,或者合成的量不能满足家兔的营养需要，必须由饲料供给，这些氨基酸被称为必需氨基酸。家兔的必需氨基酸有精氨酸、赖氨酸、蛋氨酸、组氨酸、异亮氨酸、苯丙氨酸、苏氨酸、色氨酸、缬氨酸、亮氨酸、甘氨酸（快速生长所需）11 种。

3. **蛋白质不足和过量对家兔的影响** 蛋白质是家兔体内重要的营养物质，在家兔体内发挥着其他营养物质不可代替的营养作用。当饲料中蛋白质数量和质量适当时，可改善日粮的适口性，增加采食量，提高蛋白质的利用率。当蛋白质不足或质量差时，表现为氮的负平衡，消化道酶减少，影响整个日粮的消化和利用；血红蛋白和免疫抗体合成减少，造成贫血，抗病力下降；蛋白质合成障碍，使体重下降，生长停滞；严重者破坏生殖机能，受胎率降低，产生弱胎、死胎。据试验，当日粮粗蛋白质含量低至 13%时，母兔妊娠期间增重少，甚至出现失重现象。对神经系统也有影响，引起的各方面的阻滞更是无法自行恢复的。当蛋白质供应过剩和氨基酸比例不平衡时，在体内氧化产热或转化成脂肪储存在体内，不仅造成蛋白质浪费，而且使蛋白质在胃肠道内引起细菌的腐败过程，产生大量的胺类，增加肝、肾的代谢负担。因此，在养兔的生产实践中，应合理搭配家兔日粮，保障蛋白质合理的质和量的供应；同时，要防止蛋白质的不足和过剩。

（二）碳水化合物

1. **碳水化合物的组成** 碳水化合物由碳、氢、氧三元素组成，遵循 C∶H∶O 为 1∶2∶1 的结构规律构成基本糖单位，所含氢与氧的比例与水相同，故称为碳水化合物。碳水化合物在植物性饲料中占 70%左右。家兔体内的碳水化合物的数量很少，主要以葡萄糖、糖原和乳糖的形式存在。

2. **碳水化合物的分类** 按常规分析法分类，碳水化合物分为无氮浸出物（可溶性碳水化合物）和粗纤维（不可溶性碳水化合物）。前者包括单糖、双糖和多糖类（淀粉）等，后者包括纤维素、半纤维素、木质素和果胶等。现代的分类法将碳水化合物分为单糖、低聚糖（寡糖）、多聚糖及其他化合物。结构性多糖即传统分类中的粗纤维是构成植物细胞壁的基本结构，主要包括纤维素、半纤维素、木质素、果胶等。

3. **碳水化合物的功能**　碳水化合物是家兔体内能量的主要来源，能提供家兔所需能量的60%～70%，每克碳水化合物在体内氧化平均产生16.74千焦的能量。碳水化合物，特别是葡萄糖是供给家兔代谢活动快速应变需能的最有效的营养素，脑神经系统、肌肉、脂肪组织、胎儿生长发育、乳腺等代谢唯一的能源。

作为家兔体内的营养储备物质。碳水化合物除直接氧化供能外，在体内还可转化成糖原和脂肪储存。糖原的储存部位为肝脏和肌肉，分别被称为肝糖原和肌糖原。作为家兔体组织的构成物质，碳水化合物普遍存在于家兔体的各个组织中，如核糖和脱氧核糖是细胞核酸的构成物质。黏多糖参与构成结缔组织基质；糖脂是神经细胞的组成成分；碳水化合物也是某些氨基酸的合成物质和合成乳脂和乳糖的原料。

（三）脂　肪

1. **脂肪的分类**　脂肪是广泛存在于动、植物体内的一类具有某些相同理化特性的营养物质，其共同特点是不溶于水，但溶于多种有机溶剂，营养分析中把这类物质统称为粗脂肪。根据其结构的不同被分为真脂肪和类脂肪两大类。

2. **脂肪的功能**　脂肪是含能最高的营养素，与碳水化合物比较，每克脂肪燃烧产热量是同等重量的碳水化合物的2.25倍。正是由于脂肪可以较小的体积蕴藏较多的能量，所以它是供给家兔能量的重要来源，也是兔体内储备能量的最佳形式。

脂肪是构成家兔体组织的重要原料，家兔的各种组织器官如神经、肌肉、皮肤、血液的组成中均含有脂肪，并且主要为类脂肪。脂肪是脂溶性维生素的溶剂，饲料中的脂溶性维生素A、维生素D、维生素E、维生素K均须溶于脂肪后才能被消化、吸收和利用；饲料中脂肪的缺乏，可导致脂溶性维生素的缺乏。脂肪有"超能效应"，能增加养分被消化吸收的时间。脂肪热增耗低，能减少家兔的热应激。必需脂肪酸是细胞膜结构的重要成分，是膜上脂类转运系统的组成部分，也是体内合成重要生物活性物质的先体。当缺乏必需脂肪酸时，皮肤细胞对水的通透性增强，毛细血管的脆性和通透性增高，从而导致水代谢紊乱而引起水肿和皮肤病变；前列腺素合成减少，脂肪组织中脂解作用加速，导致家兔生长受阻。

(四)能　量

1. **能量的来源**　家兔生长和维持生命活动的过程，均为物质的合成与分解的过程，其中必然发生能量的储存、释放、转化和利用。家兔只有分解某些物质才能获得能量；同时，只有利用这些能量才能促进所需物质的合成。因此，动物的能量代谢和物质代谢是不可分割的统一过程的两个方面。家兔所需能量来源于饲料中碳水化合物、脂肪和蛋白质三大有机物在体内进行的生物氧化。

2. **饲料中的能量水平与家兔生产**　日粮的能量水平直接影响生产水平。实践证明，家兔能在一定能量范围内随日粮能量水平的高低调节采食量，以获得每日所需要的能量。即高能日粮采食量低，低能日粮采食量高。因此，日粮的能量水平是决定采食量的重要因素。这就要求在配合日粮时首先在满足能量需要的基础上，调整日粮中其他各种营养物质的含量，使其与能量有一适当的比例，这种日粮叫作平衡日粮。家兔采食一定的平衡日粮，既能获得所需的能量，又能摄入足够的所需要的其他营养物质，因而能发挥其最高的生产潜力，饲养效果最好。当日粮容积很大、日粮能量不足时，会导致家兔健康恶化，能量利用率降低，体脂分解多导致

酮血症，体蛋白分解导致毒血症。能量水平过高会导致体内脂肪沉积过多，种兔过肥影响繁殖功能。

（五）矿物质

矿物质是一类无机的营养物质，是兔体组织成分之一，约占体重的5%。根据体内含量分为常量元素（钙、磷、钾、钠、氯、镁和硫等）和微量元素（铁、锌、铜、锰、钴、碘、钼、硒等）。

1. **钙和磷**　钙和磷是骨骼和牙齿的主要成分。钙对维持神经和肌肉兴奋性和凝血酶的形成具有重要作用。磷以磷酸根的形式参与体内代谢，在高能磷酸键中储存，能参与脱氧核糖核酸（DNA）、核糖核酸（RNA）及许多酶和辅酶的合成，在脂类代谢中起重要作用。

钙、磷主要在小肠吸收，吸收量与肠道内浓度成正相关，维生素D、肠道酸性环境有利于钙、磷吸收，而植物饲料中的草酸、植酸因与钙、磷结合成不溶性化合物而不利于吸收。

钙、磷不足主要表现为骨骼病变。幼兔和成兔的典型症状是佝偻病和骨质疏松症。另外，家兔缺钙还会导致痉挛、母兔产后瘫痪，泌乳期跛行。缺磷主要表现为厌食、生长不良。一般认为，日粮中钙的水平为1.0%~1.5%，磷的水平为0.5%~0.8%，二者比例2：1可以保证家兔的正常需要。

2. **钠、氯、钾**　钠和氯主要存在于细胞外液，而钾则存在于细胞内。三种元素协同作用保持体内的正常渗透压和酸碱平衡。钠和氯参与水的代谢，氯在胃内呈游离状态，与氢离子结合成盐酸，可激活胃蛋白酶，保持胃液呈酸性，具有杀菌作用。氯化钠还具有调味和刺激唾液分泌的作用。

植物性饲料中含钾多，很少发生缺钾现象。据报道，生长兔日粮中钾的含量至少为0.6%，如果含量在0.8%~1.0%及以上，则会引起家兔的肾脏病。而钠和氯含量少且由于钠在家兔体内没有储存能力,所以必须经常从日粮中供给。一般日粮中钠的含量应为0.2%,氯为0.3%。当缺乏钠和氯时,幼兔生长受阻,食欲减退,出现异食癖等。一般生产中,家兔日粮以食盐形式添加,用量以0.5%左右为宜。

家兔对钠和钾有多吃多排的特点,当限制饮水和肾功能异常时,采食过量氯化钠会引起家兔中毒。

3. 镁　家兔体内70%的镁存在于骨骼和牙齿中。是多种酶的活化剂,在糖和蛋白质的代谢中起重要作用,能维持神经、肌肉的正常功能。家兔对镁的表观消化率为44%~75%。镁的主要排泄途径是尿,与钙相似。

家兔缺镁导致过度兴奋而痉挛,幼兔生长停滞,成年兔耳朵明显苍白和毛皮粗糙。当严重缺镁(日粮中镁的含量低于57毫克/千克)时,兔发生脱毛现象或“食毛癖”,提高镁的水平后可停止这种现象。日粮中严重缺镁将导致母兔的妊娠期延长,配种期严重缺镁,会使产仔数减少。据试验,肉兔日粮中含有0.25%~0.40%的镁可满足需要。一般情况下,日粮中镁的含量可以满足家兔的需要,所以补饲镁的意义不大。

4. 硫　硫在体内主要以有机形式存在,兔毛中含量最多。硫在蛋白质代谢中含硫氨基酸的成分,在脂类代谢中是起重要作用的生物素的成分,也是碳水化合物代谢中起重要作用的硫胺素的成分,又是能量代谢中起重要作用的辅酶A的成分。

当家兔日粮中含硫氨基酸不足时,添加无机硫酸盐,可提高肉兔的生产性能和蛋白质的沉积。即如果在饲料中添加一定量的无机硫,则能减少家兔对含硫氨基酸的需要量。硫对兔毛皮生长有重要作用,对于毛兔,日粮中含硫氨基酸低于0.4%时,毛的生长受到限制;当提高到0.6%~0.7%时,可提高产毛量。

5. 铁　铁是血红蛋白、肌红蛋白以及多种氧化酶的组成成分,与血液中氧的运输及细胞内生物氧化过程有着密切的关系。

缺铁的典型症状是贫血，表现为体重减轻，倦怠无神，黏膜苍白。但家兔的肝脏有很大的储铁的能力。

仔兔与其他家畜一样，出生时肝脏中储存有丰富的铁，但不久就会用尽，而且兔奶中含铁量很少，需适量补给。一般每千克日粮中，铁的适宜含量为 100 毫克左右。

6. 铜　铜作为酶的成分在血红素和红细胞的形成过程中起催化作用。缺铜会发生与缺铁相同的贫血症。家兔对铜的吸收仅为 5%～10%，并且肠道微生物还将其转化成不溶性的硫化铜。过量的钼也会造成铜的缺乏症状，故在钼的污染区应增加铜的补饲。

仔兔出生时铜在肝脏中的储存量也是很高的，但在出生后 2 周就会迅速下降，兔奶中铜的含量也很少(0.1 毫克/千克)。通常在家兔日粮中，铜的含量以 5～20 毫克/千克为宜。如果喂给含高水平铜的饲料(40～60 毫克/千克)，虽然生长速度明显提高，但会减少盲肠壁的厚度。

7. 锌　锌作为兔体多种酶的成分而参与体内营养物质的代谢。缺锌时家兔生长受阻，被毛粗乱，脱毛，皮炎，发生繁殖功能障碍。据报道，母兔日粮锌的水平为 2～3 毫克时，会出现严重的生殖异常现象；生长兔吃这样的日粮，2 周后生长停滞；当每克日粮含锌 50 毫克时，生长和繁殖恢复正常。

8. 锰　锰是骨骼有机质形成过程中所必需的酶的激活剂。缺锰时，这些酶活性降低，导致骨骼发育异常，如弯腿、脆骨症、骨短粗症。锰还与胆固醇的合成有关，而胆固醇是性激素的前体，所以缺锰影响正常的繁殖功能。据报道，每日喂给家兔 0.3 毫克的锰，家兔骨骼发育正常，获得最快生长。家兔每日需要 1～4 毫克的锰。但每日喂给 8 毫克的锰时，生长降低，这可能是锰与铁的拮抗作用造成的。

9. 硒　硒是谷胱甘肽过氧化物酶的成分。与维生素 E 具有相似的抗氧化作用，能防止细胞线粒体的脂类氧化，保护细胞膜不受脂类代谢副产物的破坏，对生长也有刺激作用。

家兔对硒的代谢与其他动物有不同之处，对硒不敏感。表现在，硒不能节约维生素 E，在保护过氧化物损害方面，更多依赖于维生素 E，而硒的作用很小；用缺硒的饲料喂其他动物，会引起肌肉营养不良，而家兔无此症状。一般认为，硒的需要量为 0.1 毫克/千克饲料。

10. 碘　碘是甲状腺素的组成成分，是调节基础代谢和能量代谢、生长、繁殖不可缺少的物质。家兔日粮中最适宜的碘含量为 0.2 毫克/千克。

缺碘具有地方性。缺碘易发生代偿性甲状腺增生和肿大。在哺乳母兔日粮中添加高水平的碘（250～1000 毫克/千克）就会引起仔兔的死亡或成年兔中毒。

11. 钴　钴是维生素 B_{12} 的组成成分。家兔也与反刍动物一样，需要钴在盲肠中由微生物合成维生素 B_{12}。家兔对钴的利用率较高，对维生素 B_{12} 的吸收也较好。仔兔每日对钴的需要量低于 0.1 毫克。成年兔、哺乳母兔、育肥兔日粮中经常添加钴（0.1～1.0 毫克/千克），可保证正常的生长和消除因维生素 B_{12} 缺乏引起的症状。在实践中不易发生缺钴症。当日粮钴的水平低于 0.03 毫克/千克时，会出现缺乏症。

（六）维 生 素

维生素是一些结构和功能各不相同的有机化合物，既不是构成兔体组织的物质，也不是供能物质，但它们是维持家兔正常新陈代谢过程所必需的物质。对家兔的健康、生长和繁殖有重要作用，是其他营养物质所不能代替的。家兔对维生素的需要量虽然很少，但若缺乏将导致代谢障碍，出现相应的缺乏症。在家庭饲养条件下，家兔常喂大量青绿饲料，一般不会发生缺乏。在舍饲和采用配合饲料喂兔时，尤其是冬、春两季枯草期，青绿饲料来源缺乏，饲粮中需要补充的维生素种类及数量应大大增加。另外,在高生产性能条件下,日粮中不添加合成的维生素制剂,也会出现维生素缺乏。

根据其溶解性,将维生素分为脂溶性维生素和水溶性维生素两大类。

1. **脂溶性维生素**　脂溶性维生素是一类只溶于脂肪的维生素,包括维生素 A、维生素 D、维生素 E、维生素 K。这些维生素在家兔体内尤其在肝脏中有一定的储备,日粮中短时间缺乏不会造成明显的影响,而长期缺乏则会造成危害。

(1)维生素 A　又称抗干眼病维生素,仅存在于动物体内,植物性饲料中不含维生素 A,只含有维生素 A 原——胡萝卜素,在家兔体内可转化为具有活性的维生素 A。

维生素 A 的作用非常广泛。它是构成视觉细胞内感光物质的原料,可以保护视力;维生素 A 与黏多糖形成有关,具有维护上皮组织健康、增强抗病力的作用;维生素 A 对促进家兔生长、维护骨骼正常具有重要作用。

长期维生素 A 缺乏,幼兔生长缓慢,发育不良;视力减退,夜盲症;上皮细胞过度角化,引起干眼病、肺炎、肠炎、流产、胎儿畸形;骨骼发育异常而压迫神经,造成运动失调,家兔出现神经性跛行、痉挛、麻痹和瘫痪等 50 多种缺乏症。据报道,每千克体重每日供给 23 国际单位的维生素 A 可保证幼兔健康和正常生长;种兔需要 58 国际单位。

(2)维生素 D　又称抗佝偻病维生素。植物性饲料和酵母中含有麦角固醇,家兔皮肤中含有 7-脱氢胆固醇,经阳光或紫外线照射分别转化为维生素 D_2 和维生素 D_3。维生素 D 进入体内在肝脏中羟化成 25-羟维生素 D,转运至肾脏进一步羟化成具有活性的 1,25-二羟维生素 D 而发挥其生理作用。

维生素 D 的主要功能是调节钙、磷的代谢,促进钙、磷的吸收和沉积,有助于骨骼的生长。维生素 D 不足,机体钙、磷平衡受破坏,从而导致与钙、磷缺乏类似的骨骼病变。维生素 D 能在体内合成,而在封闭兔舍的现代化养兔场,特别是毛用兔需要较高的维生素 D,需要由饲料中补充。

(3)维生素 E 又称抗不育维生素,维持家兔正常的繁殖所必需。与微量元素硒协同作用,保护细胞膜的完整性,维持肌肉、睾丸及胎儿组织的正常功能,具有对黄曲霉毒素、亚硝基化合物的抗毒作用。

家兔对缺维生素 E 非常敏感。不足时,导致肌肉营养性障碍即骨骼肌和心肌变性,运动失调,瘫痪,还会造成脂肪肝及肝坏死。繁殖功能受损,母兔不孕、死胎和流产,初生仔兔死亡率增高,公兔精液品质下降。饲喂不饱和脂肪酸多的饲料、日粮中缺乏苜蓿草粉或患球虫病时,易出现维生素 E 缺乏,应增加供给量。每千克体重供给 1 毫克 α-生育酚可预防缺乏症。

(4)维生素 K 与凝血有关。具有促进和调节肝脏合成凝血酶原的作用,保证血液正常凝固。

家兔肠道能合成维生素 K,且合成的数量能满足生长兔的需要,种兔在繁殖时需要增加;饲料中添加抗生素、磺胺类药,可抑制肠道微生物合成维生素 K,其需要量大大增加;某些饲料如草木樨及某些杂草含有双香豆素,阻碍维生素 K 的吸收利用,也需要在兔的日粮中加大添加量。日粮中维生素 K 缺乏时,妊娠母兔的胎盘出血,流产。日粮中 2 毫克/千克的维生素 K 可防止上述缺乏症。

2. 水溶性维生素 水溶性维生素是一类能溶于水的维生素,包括 B 族维生素和维生素 C。B 族维生素包括维生素 B_1(硫胺素)、维生素 B_2(核黄素)、泛酸(维生素 B_5)、烟酸(维生素 pp、尼克酸)、维生素 B_6(包括吡多醇、吡多醛、吡多胺)、生物素、叶酸、维生素 B_{12}(钴胺素)、胆碱等。这些维生素理化性质和生理功能不同，分布相似，常相伴存在。以酶的辅酶或辅基的形式参与体内蛋白质和碳水化合物的代谢，对神经系统、消化系统、心脏血管的正常功能起重要作用。家兔盲肠微生物可合成大多数B族维生素，软粪中含有的B族维生素比日粮中高许多倍。在兔体合成的B族维生素中，只有维生素B_1、维生素B_6、维生素B_{12}不能满足家兔的需要。

(1)维生素B_1　又称硫胺素，是碳水化合物代谢过程中重要酶如脱羧酶、转酮基酶的辅酶。缺乏时，碳水化合物代谢障碍，中间产物如丙酮酸不能被氧化，积累在血液及组织中，特别是在脑和心肌中，直接影响神经系统、心脏、胃肠和肌肉组织的功能，出现神经炎、食欲减退、痉挛、运动失调、消化不良等。研究认为，肉兔日粮中最低需要量为1毫克/千克。

(2)维生素B_6　又称吡多素，包括吡多醇、吡多醛和吡多胺3种。在体内以磷酸吡多醛和磷酸吡多胺的形式作为许多酶的辅酶，参与蛋白质和氨基酸的代谢。

维生素B_6缺乏时，家兔生长缓慢，发生皮炎、脱毛，神经系统受损，表现为运动失调，严重时痉挛。家兔的盲肠中能合成，软粪中含量比硬粪中高3~4倍，在酵母、糠麸及植物性蛋白质饲料中含量较高，一般不会发生缺乏症。生产水平高时，需要量也高，应在日粮中补充。每千克料中加入40微克维生素B_6可预防缺乏症。

(3)维生素B_{12}　是一种含钴的维生素，故又被称为钴胺素，是家兔代谢所必需的维生素。它在体内参与许多物质的代谢，其中最主要的是与叶酸协同参与核酸和蛋白质的合成，促进红细胞的发育和成熟，同时还能提高植物性蛋白质的利用率。

维生素B_{12}缺乏时，家兔生长缓慢，贫血，被毛粗乱，后肢运动失调，对母兔受胎及产后泌乳也有影响。一般植物性饲料中不含维生素B_{12}，家兔肠道微生物能合成，其合成量受饲料中钴含量的影响。据试验，成年兔日粮中如果有充足的钴，不需要补充维生素B_{12}，但对生长的幼兔需要补充，推荐量为10微克/千克饲料。

(4)生物素 是重要的水溶性含硫维生素，在自然界分布广泛，遍存于动植物体内。在正常饲养条件下，家兔可从饲料中获得和通过食粪来补充，因此生物素的作用并不显得重要。但在笼养时间增加，母兔年产仔数和胎次增加，幼兔生长加快以及要求较高的饲料转化率的情况下，生物素的作用就显得重要起来。

生物素是羧化和羧基转移酶系的辅助因子，而羧化和羧基转移酶在家兔的碳水化合物、脂肪酸合成、氨基酸脱氨基和核酸代谢中具有重要作用。生物素是家兔皮肤、被毛、爪、生殖系统和神经系统发育和维持健康必不可少的，生物素缺乏时会产生脱毛症、皮肤起鳞片并渗出褐色液体、舌上起横裂，后肢僵直、爪子溃烂。生物素不足和缺乏还会影响家兔的生产性能，具体体现在幼兔生长缓慢，母兔繁殖功能下降。对成年母兔补充生物素可以提高每窝的断奶仔兔数，质量提高。在兔的日粮中补充生物素，可显著降低家兔爪子溃烂的发生率，对预防兔的干爪病有良好的效果。补充生物素可显著提高家兔对铜的生物利用率，预防铜的缺乏症。生物素在家兔的免疫反应中具有重要作用，生物素缺乏家兔的免疫力下降，并易产生许多并发症。

(七)水

家兔体内所含的水约占其体重的70%。水是一种重要的溶剂，营养物质的消化、吸收、运送、代谢产物的排出，均在水中进行；水是家兔体内化学反应的媒介，它不仅参加体内的水解反应，还参加氧化—还原反应、有机物的合成及细胞的呼吸过程；水的比热大，对调节体温起重要作用；水作为关节、肌肉和体腔的润滑剂，对组织器官具有保护作用。

由于水容易得到，缺水对家兔造成的损害往往被忽视。事实上，家兔缺水比缺料更难维持生命。饥饿时，家兔可消耗体内的糖原、脂肪和蛋白质来维持生命，甚至失去体重的40%，仍可维持生命。但家兔体内损失5%的水，就会出现严重的干渴现象，食欲丧失，消化作用减弱，抗病力下降。损失10%的水时，可引起严重的代谢紊乱，生理过程遭到破坏，如代谢产物排出困难、血液浓度和体温升高。由于缺水造成的代谢紊乱可使健康受损，生产力遭到严重破坏，仔兔生长发育迟缓，母兔泌乳量降低，兔毛生长速度下降。当家兔体内损失20%时，可引起死亡。

幼兔生长发育快，饮水量高于成年兔。母兔产后易感口渴，饮水不足易发生残食仔兔现象。哺乳母兔和幼兔饮水量可达采食量的3~5倍。家兔不同生理状态下每天的饮水量见表4-1。

表4-1　家兔不同生理状态下的每天饮水量　（升/只）

生理阶段	饮水量
妊娠或妊娠初期母兔	0.25
妊娠后期母兔	0.57
种公兔	0.28
哺乳母兔	0.60
母兔+7只仔兔(6周龄)	2.30
母兔+7只仔兔(7周龄)	4.50

四、毛兔的营养需要

毛兔的营养需要是指毛兔在维持生命活动及生产（生长、繁殖、产奶、产毛）过程中，对能量、蛋白质、矿物质、维生素等营养物质的需要。一般用每日每只需要这些营养物质的绝对量，或每千克日粮（自然状态或风干物质或干物质）中这些营养物质的相对量来表示。

（一）家兔的维持需要

维持需要是指家兔不进行任何生产所需要的最低营养水平。只有在满足家兔的最低需要后，多余的营养物质才用于生产。从生理而言，维持需要是必要的；从生产而言，这种需要是一种无偿损失，而且在生产中很难使家兔的维持需要处于绝对平衡状态，只是把空怀母兔以及非配种用的成年公兔看成处于维持营养状态。家兔的维持需要受其品种、年龄、体重、性别、饲养水平、活动量及环境条件等因素的影响。幼龄兔维持需要高于壮年和老龄兔；公兔高于母兔。活动量越大，维持需要越大；生产量越高，维持需要量相对越小。家兔处于不运动，以及最高、最低临界温度的中界温度区（15℃～25℃）时维持需要最低。

（二）生长家兔的营养需要

生长是从断奶到性成熟的生理阶段。此阶段家兔机体进行物质积累、细胞数量增加和组织器官体积增大，从而整体体积增大，重量增加。绝对生长呈现慢—快—慢的规律，相对生长则由幼龄的高速度逐渐下降。在增重内容方面，水分随年龄的增长而降低；脂肪随年龄的增长而增加；蛋白质和矿物质沉积起初最快，随年龄的增加而降低，最后趋于稳定。因此，应根据家兔的生长规律在家兔生长的各个发育阶段，给予不同的营养物质。如生长早期注意蛋白质、矿物质和维生素的供给，满足骨骼、肌肉的生长所需；生长中期注意蛋白质的供给；生长后期多喂些碳水化合物丰富的饲料，以供沉积脂肪所需。

（三）繁殖家兔的营养需要

1. 种公兔的营养需要　公兔的配种能力表现在体格健壮、性欲旺盛、精液品质良好等方面，这些均与营养有关。试验证明，种

公兔若长期处于低营养水平，会使促性腺激素分泌量减少，或睾丸间质细胞对促性腺激素反应能力低而影响精子的形成，使其繁殖力下降。但营养水平过高，会使公兔体膘过肥，性欲下降甚至不育。一般公兔为保持较好的精液品质，能量需要应在维持需要的基础上增加 20%，蛋白质的需要与同体重的妊娠母兔相同。同时，还要注意矿物质和维生素的需要，如钙、磷与精液的品质有关，钙磷比例应为 1.5~2∶1。此外，还要注意锌和锰的补充。维生素 A、维生素 C、维生素 E 与公兔繁殖功能有密切关系。因此，在繁殖季节，要注意日粮中的能量、蛋白质水平，可加入动物性蛋白质饲料，保证青绿饲料的供应。

2. 种母兔的营养需要

(1)配种准备期的营养需要　配种准备期的繁殖母兔有两种，一是初产母兔(青年后备母兔)，二是经产母兔。前者母兔本身处于发育阶段，其营养需要重点是保证其健康，按期发情、配种，提高配种受胎率，消除不孕。该阶段营养水平视其体况而定，一般按维持需要水平，对体况差的可稍高于维持水平。经产母兔的营养需要主要是用于母兔恢复体况，恢复正常的繁殖功能。一般保持七八成膘为宜，营养水平按维持需要。

(2)妊娠期的营养需要　妊娠期的母兔体内物质和能量代谢发生变化，引起母兔对营养物质的需要显著增加。试验证明，妊娠母兔在整个妊娠期代谢率平均增长 11%~14%，妊娠期 1/4 可增加 30%~40%，且后期储存养分为泌乳做准备。又由于胎儿的生长发育前期慢、后期快，初生重的 70%~90%是在妊娠后期生长的。因此，母兔在妊娠前期的能量和蛋白质的需要比维持需要提高 0.3 倍，后期提高 1 倍。有试验证明，妊娠母兔喂给消化能 10.46~12.13 兆焦/千克的配合饲料，生产性能表现良好。对矿物质钙、磷、锰、铁、铜、碘及维生素 A、维生素 D、维生素 E、维生素 K 等的需要量均有增加。据美国推荐，妊娠母兔日粮中应保持的钙最低水平为 0. 45%,具体的需要量见家兔饲养标准。在生产实践中,可用同一日粮,前期限量,后期增量;也可按妊娠期的营养需要另行配制日粮。

(3)泌乳期的营养需要 乳的形成过程是家兔全身性反应。乳腺形成乳汁时所需的各种原料,均由血液供应,而血液中的原料最终来源于饲料中的营养物质。因此,泌乳母兔的营养需要决定于母兔体重、仔兔只数、泌乳量、乳汁的养分含量及乳汁的合成效率。试验证明,母兔每千克活重平均产乳 35 克,在所有的哺乳动物中母兔乳汁最浓,为牛奶的 2.5 倍,即干物质含量最高(26. 4%),蛋白质含量 10. 4%,乳脂 12. 2%,矿物质 2. 0%,能量 8. 4~12. 6 兆焦/千克,乳糖含量较低为 1. 8%。因此,母兔泌乳时对营养物质的需要较高,能量和蛋白质的需要是维持的 4 倍。由于需要的消化能高,势必要降低饲粮中的粗纤维水平,破坏家兔正常的消化生理。因此,为了满足能量供给,应尽量提高饲粮的消化能水平,一般在 10. 88~11. 3 兆焦/千克,同时提高饲粮的适口性,还应注意在饲喂颗粒饲料的同时,加喂青绿饲料。哺乳母兔的日粮中,粗蛋白质水平应不低于 18%。兔乳汁中含大量的矿物质和维生素,特别是钙、磷、钠、氮和维生素 A、维生素 D 等,因此泌乳母兔对其需要量也增加。另外,由于泌乳过程中泌乳量、乳汁成分的变化,在实践中应注意泌乳母兔营养需要的阶段性、全价性和连续性。

(四)产毛家兔的营养需要

产毛的能量需要包括合成兔毛时消耗的能量和兔毛本身所含能量两部分。毛的总能含量为 22~24 千焦/千克,能量用于沉积毛的效率低,约为代谢能的 30%。每克兔毛中含有 0. 86 克的蛋白质,可消化粗蛋白质用于产毛的效率(兔毛中蛋白质÷用于产毛的可消化粗蛋白质)约为 43%。每克粗毛需消化能 70~75 千焦,可

消化粗蛋白质2.3克。应注意含硫氨基酸的供给，日粮含硫氨基酸水平以0.84%为宜。另外，还要注意与毛纤维生长有关的矿物质如铜、硫的供应。

（五）毛兔的饲养标准

毛兔对营养物质的需要量见毛兔的饲养标准（表4-2，表4-3）。

表4-2 我国安哥拉长毛兔营养需要量——日粮营养含量

营养指标	幼 兔	青年兔	妊娠母兔	哺乳母兔	产毛兔	种公兔
消化能（兆焦/千克）	10.45	10.04～10.64	10.04～10.64	10.88	10.04～11.72	12.12
粗蛋白质（%）	16～17	15～16	16	18	15～16	17
可消化蛋白（%）	12～13	10～11	11.5	13.5	11	13
粗纤维（%）	14	16	14～15	12～13	17	16～17
粗脂肪（%）	3.0	3.0	3.0	3.0	3.0	3.0
钙（%）	1.0	1.0	1.0	1.2	1.0	1.0
总磷（%）	0.5	0.5	0.5	0.8	0.5	0.5
赖氨酸（%）	0.8	0.8	0.8	0.9	0.7	0.8
胱氨酸+蛋氨酸（%）	0.7	0.7	0.8	0.8	0.7	0.7
精氨酸（%）	0.8	0.8	0.8	0.9	0.7	0.9
食盐（%）	0.3	0.3	0.3	0.3	0.3	0.3
铜（毫克/千克）	2～20	10	10	10	20	10
锰（毫克/千克）	30	30	50	50	30	50
锌（毫克/千克）	50	50	70	70	70	70
钴（毫克/千克）	0.1	0.1	0.1	0.1	0.1	0.1
维生素A（国际单位）	8000	8000	8000	10000	600	12000

续表 4-2

营养指标	幼　兔	青年兔	妊娠母兔	哺乳母兔	产毛兔	种公兔
胡萝卜素（毫克/千克）	0.83	0.83	0.83	1.0	0.62	1.2
维生素 D（国际单位）	900	900	900	1000	900	1000
维生素 E（毫克/千克）	50	50	60	60	50	60

表 4-3　德国 W. Schlolant 推荐的家兔混合料营养标准

营养指标	育肥兔	繁殖兔	产毛兔
消化能（兆焦/千克）	12.14	10.89	9.63～10.89
粗蛋白质（%）	16～18	15～17	15～17
粗脂肪（%）	3～5	2～4	2
粗纤维（%）	9～12	10～14	14～16
赖氨酸（%）	1.0	1.0	0.5
蛋氨酸+胱氨酸（%）	0.4～0.6	0.7	0.7
精氨酸（%）	0.6	0.6	0.6
钙（%）	1.0	1.0	1.0
磷（%）	0.5	0.5	0.3～0.5
食盐（%）	0.5～0.7	0.5～0.7	0.5
钾（%）	1.0	1.0	0.7
镁（毫克/千克）	300	300	300
铜（毫克/千克）	20～200	10	10
铁（毫克/千克）	100	50	50
锰（毫克/千克）	30	30	10

续表 4-3

营养指标	育肥兔	繁殖兔	产毛兔
锌(毫克/千克)	50	50	50
维生素 A(国际单位/千克)	8000	8000	6000
维生素 D(国际单位/千克)	1000	800	500
维生素 E(毫克/千克)	40	40	20
维生素 K(毫克/千克)	1.0	2.0	1.0
胆碱(毫克/千克)	1500	1500	1500
烟酸(毫克/千克)	50	50	50
吡多醇(毫克/千克)	400	300	300
生物素(毫克/千克)			25

饲养标准是根据养兔生产实践中积累的经验,结合物质和能量代谢试验的结果,科学地规定出不同种类、品种、年龄、性别、体重、生理阶段、生产水平的家兔每日每只所需的能量和各种营养物质的数量,或每千克日粮中各营养物质的含量。饲养标准具有一定的科学性,是家兔生产中配制饲料、组织生产的科学依据。但是,家兔的饲养标准中所规定的需要量是许多试验的平均结果,不完全符合每一个个体的需要;并且它也不是一成不变的,随着科学的进步,品种的改良和生产水平的变化需要不断修订、充实和完善。因此,在使用时应因地制宜,灵活应用。

第五章

繁殖生理与高效繁殖

一、毛兔的繁殖生理特点

(一)长毛兔生殖系统结构及功能概述

1. 雄性生殖系统结构及功能　雄性毛兔的生殖系统主要由睾丸、附睾、阴茎、阴囊、输精管、副性腺六部分组成(图5-1)。

(1)睾丸　位于两后腿根部的阴囊内,呈椭球形。睾丸的位置和大小因年龄而有所区别。成年毛兔的睾丸长2.5~3厘米,宽1.2~1.4厘米,重6克左右。性成熟之前,睾丸位于腹腔当中,并附着在腹壁上;接近性成熟时,睾丸经腹股沟管下降到阴囊内,并且长毛兔的腹股沟管终生不封闭,因此睾丸可以自由地在阴囊和腹腔间进行转移。

睾丸的功能:产生精子;分泌雄性激素。雄性激素的主要作用是促进公兔第二性征发育和刺激、维持公兔正常性欲的功能;同时,对睾丸内精子的发生及延长精子在附睾内的寿命均有重要的作用。

(2)附睾　附睾由附睾头、附睾体、附睾尾三部分组成,是精

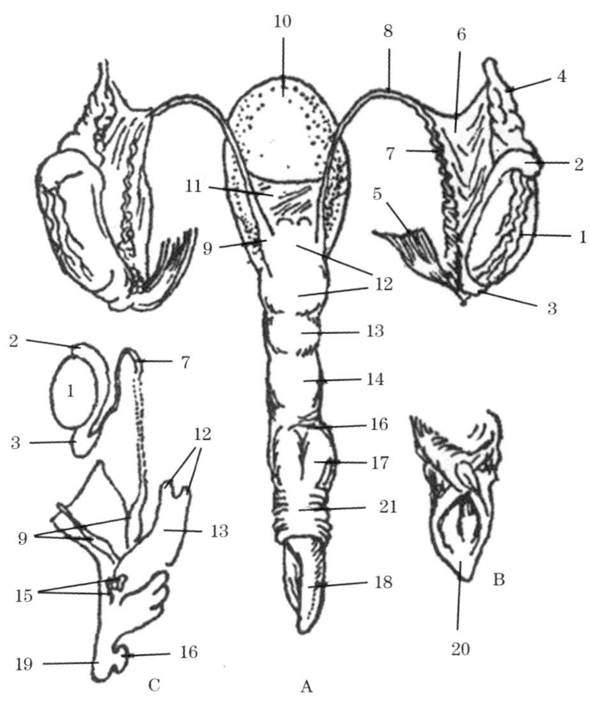

图 5-1　雄性家兔的生殖系统

A. 雄性家兔生殖器官　B. 阴茎头部　C. 生殖器官示意图

1. 睾丸　2. 附睾丸　3. 附睾尾　4. 静脉丛　5. 睾外提肌　6. 输精管系膜　7. 输精管(精索部)　8. 输精管　9. 输精管膨大部　10. 膀胱　11. 尿生殖系膜　12. 精囊　13. 精囊腺　14. 前列腺　15. 旁前列腺　16. 尿道球腺　17. 球海绵体肌　18. 阴茎　19. 尿道　20. 尿道外口　21. 包皮

子贮存和运输的场所,精子在附睾中运输的过程继续发育从而达到完全成熟。

(3)输精管 输精管是一条细长的管道,一端与附睾尾相连,另一端与精囊腺管汇合形成射精管,最后开口于尿道。主要作用是输送精子,在交配时借助输精管肌肉层的收缩力,将精子从附睾尾排送到尿生殖道内,并射出体外。

(4)副性腺 主要由精囊管壶腹、精囊腺、前列腺、前列旁腺和尿道球腺等腺体组成。它们的分泌物是构成精清的主要成分。主要作用包括:为精子提供营养;稀释浓稠的精液以利于精子运动;为维持精子的运动能力调控适宜的酸碱度;作为精子排出和运动的媒介,延长精子具有受精能力的时间;刺激母兔阴道和子宫收缩;形成阴道栓,防止精液倒流等。

(5)阴茎 公兔的交配与排尿器官,由海绵体构成。整体形状呈圆柱状,交配时不形成明显的、膨大的龟头。

(6)阴囊 位于肛门的前两侧。主要作用是容纳和保护睾丸及附睾,同时具有调节睾丸温度的作用,以保证精子的正常产生。

2. **雌性生殖系统结构及功能** 雌性毛兔的生殖系统主要包括卵巢、输卵管、子宫、阴道和外生殖器等(图 5-2)。

(1)卵巢 成年母兔的卵巢呈淡红色的长圆形,位于肾脏后方第五腰椎附近的体壁上,左右各一,位置对称,是母兔产生卵子和雌性激素的器官。

(2)输卵管 位于卵巢和子宫之间,长 9~15 厘米,是卵子通往子宫的管道,精、卵的结合也是在输卵管中完成的。输卵管靠近卵巢的一端呈喇叭状,以便于输卵管接纳卵巢排出的卵子,落入输卵管中的卵子,在输卵管壁的蠕动下,沿输卵管向子宫方向运动。输卵管的前半部有一端较粗的膨大部称为壶腹部,卵子与精子的结合就发生于此。

(3)子宫 家兔是双子宫动物,子宫的一端与输卵管连接,另一端分别开口于阴道壁,因此长毛兔的左右子宫是单独分离的。子宫是受精卵附植及胚胎发育的场所。

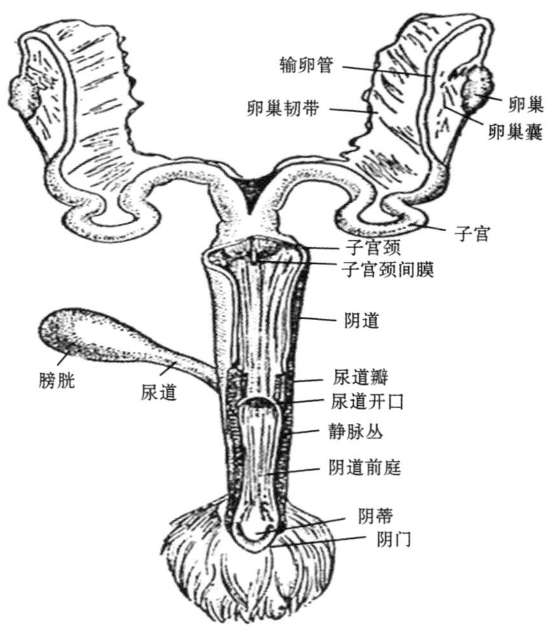

图 5-2　雌性家兔的生殖系统

(4)阴道　是母兔的交配器官,同时也是胎儿产出的产道。家兔的子宫颈口至阴门裂全长 6~8 厘米,其中子宫颈口到阴瓣之间称为阴道,阴瓣到阴门裂称为阴道前庭。由于尿道开口于阴道前庭壁上,所以阴道前庭除具有阴道的功能外,还是尿液排出的通道。

(5)外生殖器　母兔的外生殖器由阴门、阴唇和阴蒂组成。阴道末端的开口处是阴门,阴门两侧突起形成阴唇,位于左、右两阴唇的前联合处的小突起叫阴蒂。阴蒂中含有丰富的感觉神经末梢,具有与公兔阴茎海绵体相似的勃起组织。

（二）毛兔的性成熟与初配年龄

1. **性成熟** 毛兔的性成熟是指毛兔随着身体的生长发育，生殖系统各器官也逐渐发育直至完善，能够产生具有生殖能力的配子，即公兔能够产生成熟的精子，母兔能够产生成熟的卵子，此时如果让其参加配种繁殖，即能配种、受孕，此时期称之为毛兔的性成熟。

长毛兔的性成熟受多方面因素的影响，其中影响较大的主要有品系、性别、营养、遗传等。一般来说，大体型的品系比小体型的品系性成熟要晚，如大体型的德系安哥拉兔性成熟期为 4～5 月龄，而小体型的中系安哥拉兔性成熟期为 3～4 月龄；雌性毛兔性成熟比同品系的雄性毛兔早 1 个月左右；营养状况决定了毛兔的生长发育情况，因而营养状况良好的毛兔性成熟一般比营养状况较差的毛兔早 15～20 天；相同体型的毛兔杂种兔比纯种兔早 15～30 天。

2. **初配适龄** 虽然在毛兔达到性成熟时已经具备了基本的繁殖能力，但是在毛兔的生长发育过程当中性成熟与体成熟并不同步，体成熟往往晚于性成熟，因而达到性成熟的毛兔并不是配种繁殖的最佳时期。实践证明，过早配种繁殖会影响种兔自身生长发育，出现配种后受胎率低，产仔数少，产弱胎、死胎，母兔早产、早衰等不良现象。合理的初配时间应当选择在种兔性成熟完成以后、体成熟之前。一般根据年龄和体重来判断。即在正常饲养的情况下，公、母兔体重达到该品系标准体重的 80%左右，进行配种繁殖。以此标准判断，一般来说大型品系长毛兔的初配适龄为：种母兔在 7～8 月龄，体重在 3.5 千克以上；种公兔在 8～9 月龄，体重在 4 千克以上。

3. **利用年限** 毛兔的种用年限应当遵循其生殖系统功能的变化规律，随着种兔年龄的增长，身体的各项功能变化规律是由低到高再转而下降。母兔具体表现为：从第一胎到第三胎产仔数呈上升趋势,从第三胎到以后的 2 年间,产仔数保持平稳状态,2 年后,产仔数显著下降。因此,母兔的利用年限为 2.5~3 年。公兔的利用年限大体与母兔相同。

但是毛用种兔的利用年限应当视具体情况而定,不能一概而论。实际生产当中主要应当考虑的因素包括:种兔体质、兔场性质、繁殖制度等条件。如果种兔达到淘汰年龄但体质健壮,使用合理配种产仔年限也可适当延长。对于进行频密繁殖的种兔,可以改年龄淘汰为经产窝数淘汰,一般经产 10~12 胎则进行淘汰。不同生产目的的毛兔场,对后代要求不同,因而在制定利用年限中存在一定差异,商品兔场在保证体质健壮、繁殖率高的前提下可以适当延长利用年限;而种用兔场对后代要求高,必须做到严格淘汰,不得延长利用年限。

(三)发情与配种适期

1. **发情**　发情是指达到性成熟的母兔,由于卵巢中卵泡的发育,卵泡内膜产生大量的雌激素,该激素作用于大脑的性活动中枢,导致母兔出现周期性的性活动表现。母兔从上一次发情开始到下一次发情开始称为一个发情周期;每次发情的持续时间称为发情持续期。母兔发情时往往伴随一系列精神、行为和生理现象的变化,称为发情征兆。发情的主要表现为:

(1)精神状态　举止活跃,烦躁不安,食欲降低,采食量减少,用后肢拍打笼底板,频频做排尿动作。

(2)性行为反应　主动接近公兔并接受公兔爬跨,性欲旺盛的母兔还会爬跨其他母兔或自己的仔兔。当公兔追逐时,前肢趴伏,后肢直立,抬起后躯,表现出接受交配的意愿。

(3)生殖道变化　母兔发情时由于受到雌激素的刺激,母兔的阴道、子宫均发生一系列的变化。如成熟卵泡的产生、子宫黏膜增厚、阴道细胞分泌黏液等。具体表现为发情母兔阴道黏膜红润、潮湿，外阴部肿胀，阴道有黏液流出等。

2. 配种适期 母兔的发情持续期一般为1~5天，整个发情持续期根据母兔发情表现的变化又分为发情前期、发情盛期和发情末期。发情前期，母兔外阴出现肿胀，翻看母兔阴道时黏膜粉红；发情盛期，进入发情前期的母兔再过1~2天即进入发情盛期，此阶段外阴部肿胀深红并且湿润，阴道中常有少量黏液流出，此阶段受胎率最高，是配种的最佳时期；发情末期，母兔外阴部肿胀消退，阴道黏膜变为黑紫色也不再有黏液流出，此时配种已较晚，应当等待下一个发情周期。因此，养殖户中流传着"粉红早、紫红迟、大红正当时"的说法。

(四)妊娠与分娩

1. 妊娠 是指受精卵在母体生殖器官内经历的一系列分裂、分化、生长发育的过程。这一过程经历的时期也称为妊娠期，即从配种受孕开始到胎儿产出体外这一阶段。长毛兔的妊娠期一般为29~34天，以29~30天居多，妊娠时间过短，少于29天，为早产；妊娠期超过35天，则为异常妊娠。妊娠期的长短受到母兔体型、营养水平、胎儿发育状况和数量的影响。一般规律为体型越大妊娠期越长，老龄母兔比青年母兔妊娠期长，营养状况良好的母兔妊娠期比营养不良的母兔妊娠期长，胎儿数量少的比胎儿数量多的妊娠期长。

依据胎儿在母体内发育特点的不同，我们将母兔整个妊娠期分为3个阶段：即胚期12天，胎前期6天，胎儿期12天。在胚期和胎前期胎儿主要进行的是细胞分化，即由一个受精卵细胞通过不断分裂、分化产生各个相应的组织器官，此时期胎儿的增重缓慢，因而需要的营养物质不多，母兔的饲养水平稍高于空怀母兔即可，同时应保证饲料的质量。

胎儿期，主要进行细胞的增殖，表现为细胞数量和体积的增

大,即胎儿体重的快速增加,这阶段增重相当于初生仔兔重量的70%~90%,同时为了保证仔兔出生后母兔有充足的乳汁供应,所以妊娠后期的饲养水平要比空怀期高1~1.5倍。

2. **分娩**　分娩是指母兔结束妊娠,胎儿由母体经产道排出体外的过程。一般情况下,母兔自身可以顺利完成分娩过程,但生产中为了减少仔兔的死亡,提高母兔的繁殖性能,分娩过程中采用人工监护仍然是必要的。

(1)分娩征兆　母兔在临近分娩前,由于体内生殖激素发生明显的变化,常常伴随一系列生理、行为上的变化。一般在分娩前2~3天,母兔会用嘴将胸、腹部的毛拉下来铺在窝内。拉毛行为是母兔良好母性的表现,一方面可以通过拉毛刺激母兔乳腺分泌乳汁,另一方面也能够使乳头裸露,便于新生仔兔寻找乳头。生产中饲养员应当加强观察,发现初产母兔不会拉毛做窝的可以帮其把腹部毛拔掉,使母兔养成良好的母性。母兔临产前3天乳房开始肿胀,可挤出少量浓稠的乳汁。临产母兔还会表现出外阴部肿胀、湿润,腰部两侧有不同程度的凹陷,食欲减退等现象。临近分娩时母兔往往精神不安、停食或食量减少,频繁地出入产箱。

(2)分娩前的准备　为了减少母兔分娩过程中仔兔的损失,分娩前饲养人员应进行充分的准备。一般在妊娠27天开始,饲养人员应将铺垫好干净稻草、刨花等垫物的消毒产箱放入兔笼,并将母兔轻轻捉入产箱,使其尽早适应环境。对于产前不拉毛的母兔,可在妊娠30天进行人工拉毛,重点将其乳头周围的毛拔掉,以刺激母兔泌乳。

(3)分娩过程　正常情况下母兔分娩速度较快,整个过程需要15~30分钟。分娩时母兔呈蹲坐姿势拱背努责,嘴巴抵住阴部。母兔在分娩的过程中,边产出仔兔边咬断脐带,并舔干仔兔身上的血液和黏液,吃掉胎衣和胎盘。产下的仔兔在几分钟内就会吃奶,在仔兔吮乳刺激作用下,母兔体内催产素进一步增加,从而会加快分娩速度。母兔分娩后第一次喂奶在产后 1 小时左右,也有母性较强的母兔一边产子一边喂奶,这样母兔在分娩结束后不久,就已经将仔兔喂饱。至此,母兔用拉下的被毛覆盖在仔兔身上,跳离产箱,分娩结束。

(4)接产的注意事项及产后护理

①母兔分娩多是发生在晚上或凌晨,黑暗、安静的外环境使母兔有安全感,有利于分娩的顺利完成。为了符合母兔这一生物特性,如果母兔在白天分娩,应当对兔笼采取遮光处理,避免光线过强导致母兔不安;母兔分娩时应尽量保持环境安静,避免外人围观、喧哗。

②母兔分娩过程伴随大量体液流失,如果此时母兔过于口渴又找不到饮水就会吞食仔兔,因此在母兔分娩时应当准备一些红糖水、米汤或麦麸盐水,以利于母兔补充能量和水分。

③分娩完毕,饲养人员应及时取出产箱清点仔兔数量,并检查其健康状况。如有死胎应及时处理掉,如发现仔兔身上有羊水、黏液,应用柔软洁净的干布将其擦净,避免冻死冻伤;及时清除仔兔口腔、鼻孔黏液,防止仔兔窒息死亡。

④产后母兔要及时提高日粮的营养水平,逐步提高母兔饲喂量,也可以在饲料中添加维生素等提高动物机体抵抗力的营养素,促使母兔体况尽早恢复。

(五)毛兔的繁殖特点

1. 繁殖力强 毛兔具有性成熟早、妊娠期短、四季发情、多胎多产的特征。一般来说,毛兔的性成熟期在 4~5 个月,发情周期为 7~15 天,妊娠期 29~34 天,胎均产仔 5~9 只,因此毛兔当年即可繁殖,按照年产 4~5 胎计算,每年能够提供商品兔 20~40 只。

2. 诱发性排卵 毛兔是刺激性排卵动物,卵巢中虽然有卵泡的发育,但是成熟的卵泡并不能自发地排出卵子,只有毛兔在经过

交配刺激或类似于交配的外源刺激，才会排出卵子，这种现象称为诱发性排卵或刺激性排卵。因此，实际生产中常常发生母兔发情而不排卵或排卵而不发情的现象。

3. **双子宫**　左、右2个子宫，没有子宫体和子宫角之分，每个子宫均独立地开口于阴道壁上，子宫颈之间有隔膜，属于最原始的双子宫类型。在自然交配情况下，由于公兔的阴茎短，而母兔的阴道长，因此长毛兔为阴道射精型动物，不会影响到双子宫受胎。但在进行人工授精时应引起注意，输精枪不能插入母兔阴道过深，以免插入一侧子宫颈口，造成另一侧子宫不能受胎。由于毛兔具有独立双子宫的特征，在毛兔生产中偶尔会见到妊娠期复妊现象，即母兔妊娠后，在进行补配的时候又接受配种再妊娠，前后妊娠的胎儿分别在两侧子宫内着床，分娩时分期产仔。

4. **假孕**　母兔受到交配刺激而排卵，但是没有受精或受精后胚泡没有附植在子宫黏膜上。而由于黄体的存在，孕酮分泌，促使乳腺激活，子宫增大，从而出现假孕现象。发生假孕时，母兔也会表现出受胎母兔的特征，如拒绝公兔爬跨交配，腹部渐大，乳房膨胀，后期也会伴随着衔草做窝，但是到了预产期不见产仔也不见流产。假孕持续到16~18天，周期性黄体逐渐消失，孕激素分泌量降低，假孕终止。产生假孕现象的主要原因是不育公兔的性刺激或母兔患子宫炎、阴道炎等生殖系统疾病。假孕延长了产仔间隔，降低了母兔的利用率，对养兔生产是不利的。

假孕的预防措施如下。

①加强母兔的管理。防止母兔相互爬跨，不要随意捕捉和抚摸等人为刺激。

②及时治疗生殖系统疾病。配种前检查母兔的生殖系统，如发现炎症及时处理，可内服抗生素类药；对外部炎症可用0.5%来苏儿液洗涤，待痊愈后再配种。

③合理补配。根据兔场性质，选择合理的补配方法。种兔场

为了搞清仔兔的血缘关系，避免以后繁殖中出现近亲交配，可选择重复配种，即在第一次配种 5～6 小时再用同一只种公兔进行第二次交配。商品兔场可采用双重配种法，即在第一只公兔交配后过 15 分钟再用另一只种公兔交配 1 次。

5. 公兔夏季不育 毛兔被毛浓厚，汗腺不发达，耐寒怕热。种用公兔对高温的耐受力更差，温度达到 28℃时，种公兔性欲下降，精子密度和活力均降低。温度达到 30℃以上持续 5 天，就会导致种公兔睾丸曲细精管上皮变性，生殖细胞凋亡，丧失生殖能力。一般种公兔睾丸在炎热的 7 月份体积会萎缩 60%，内分泌紊乱，食欲减退，消化吸收能力减弱。又由于公兔的精子发生需要大约 51 天的周期，精子在附睾内贮存的时间为 8～13 天，因此这种由高温导致的暂时性不育会在高温过后持续 45～70 天，这又造成了家兔在秋季的繁殖困难。

6. 卵子大 家兔的卵子是目前已知所有哺乳动物的卵子中最大的，直径达 160 微米，同时家兔的受精卵具有发育速度快、卵裂阶段容易进行体外培养的特征，因此家兔也是当今在生物学、遗传学、繁殖学研究中广泛应用的实验动物。

7. 发情周期不规律 发情周期是指两次发情周期的间隔时间。对于大多数动物如猪、牛、羊等由于其自发性排卵的特点，发情周期都是固定的并有规律可循，但是家兔刺激性排卵的特性决定了其发情周期有其独特性。

（1）发情周期不固定 目前，人们关于母兔的发情周期的认识存在着分歧，一种观点认为家兔是刺激性排卵动物，即使无外在发情表现的情况下，实行强制配种，母兔同样可以受胎，因此母兔没有发情周期；另一种观点认为，母兔是有发情周期的，只不过规律性差。第二种观点得到了更多人的支持，正常情况下经产母兔的发情周期为 7～12 天。在不交配的情况下，发情持续期 3～5 天，交配后持续期缩短。

(2)发情不完全　一个完整的发情包括三方面的变化,分别是精神变化、行为变化特别是交配欲望的变化、卵巢变化和生殖道变化。当发情时缺乏某方面的变化则称为不完全发情。家兔出现不完全发情具有一定的规律可循,一般而言冬季发生的概率高于春季,营养状况不佳的高于营养状况良好的,体型过大的高于中型和小型的,泌乳期高于空怀期,老龄兔和青年兔高于壮年兔。

(3)发情无季节性　毛兔的发情没有季节性,一年四季均可发情,只要提供理想的环境,四季均可繁殖,并且繁殖效果没有差异。但是在粗放型饲养管理条件下,毛兔的生存环境受外界环境影响大,四季的更替、光照、温度都会影响到毛兔的繁殖,春季是最佳的繁殖季节。

(4)产后发情　母兔分娩后普遍发情,此时配种受胎率很高,随着母兔分娩完成进入哺乳期,由于泌乳量的增加和膘情下降等原因,发情不明显,受胎率下降。母兔产后发情也受到其他因素的影响,如营养状况、毛兔体型等。营养状况良好的母兔产后发情率高,配种受胎率和产仔数高,而营养状况差的则反之;体型大的母兔产后发情率及配种受胎率和产仔数均较中小型母兔差。

(5)断奶后普遍发情　泌乳对家兔卵巢的活动有抑制作用,母兔泌乳期间发情不明显,尤其在泌乳高峰期更不容易发情。仔兔断奶后,这种抑制作用被解除,经3~5天普遍出现发情。

8. 胚胎附植前后的损失率高　据报道,胚胎在附植前后的损失率是29.7%,附植前的损失率是11.4%,附植后的损失率是18.3%。附植后胚胎的损失率受许多因素的影响,其中影响最大的因素是肥胖,因为肥胖会增加胚胎的死亡。哈蒙德在1965年观察了交配后9日龄胚胎的存活情况,发现肥胖者胚胎死亡率44%,中等体况是18%;从分娩只数来看,肥胖体况者3.8只/窝,中等体况者6只/窝。这主要是由于母兔过于肥胖,体内脂肪压迫生殖器官,使卵巢、输卵管容积变小,影响了卵子或受精卵的发育,以至于

附植前后胚胎发生死亡。除受肥胖因素影响以外,引起胚胎早期死亡的原因还包括:

(1)妊娠前期的营养水平 特别是妊娠前期能量水平过高,是导致胚胎早期死亡的主要原因。

(2)高温 据报道,外界温度为30℃时,受精后6天胚胎的死亡率高达24%~45%。因此,环境温度过高,是导致胚胎早期死亡的另一重要原因。

(3)毒素 各种来源的毒素,不管是外源毒素还是代谢产生的内源毒素,都会影响胚胎的发育而导致胚胎的早期死亡。

(4)子宫内环境 子宫内环境是胚胎着床和发育的重要条件。子宫内的酸碱度变化、炎症,都将影响到胚胎的生存。

(5)药物 母兔在妊娠早期大量使用对胚胎有毒性的药物,会导致胚胎早期死亡。

(6)应激 任何诱发母兔出现应激的因素,都可能影响胚胎的发育。

二、毛兔的繁殖技术

(一)发情鉴定与催情技术

1. 发情鉴定 虽然毛兔具有采取强制配种仍能受胎的特性,但是遵循毛兔的发情规律,选择在发情旺盛期配种,更能提高受胎率及产仔数。因而对于毛兔这种发情周期不规律、发情特征不明显的动物而言,如何准确鉴别其是否发情,成为防止母兔误配、漏配的关键,也是提高母兔受胎率、繁殖效率的重要保障。常见的发情鉴定方法有以下几种:

(1)观察法 观察法是指根据母兔发情表征中的精神变化和行为变化来判断母兔是否发情。一般而言,处于发情期的母兔往往表现出精神兴奋，常常在兔笼内来回跑动；如与其他母兔或其仔兔同笼饲养时，还会爬跨或接受其他母兔、仔兔的爬跨，母兔有频频排尿的动作。当饲养员用手轻抚母兔被毛时，母兔表现温顺，趴伏于笼底，身体舒展，尾巴上举。

（2）外阴检查法　采用观察法虽然能够对多数母兔进行准确判断，但是由于有些母兔发情表现并不充分，仍然会有漏配现象。而外阴检查法通过观察母兔外生殖器的变化对母兔发情进行判断，更为准确，在生产当中也是最为常用的检查方法。

外阴检查法主要是通过观察母兔外阴黏膜的颜色、肿胀程度和湿润情况对母兔的发情状况进行判断。判断标准如下：休情期，外阴黏膜苍白、萎缩、干燥；发情初期，外阴黏膜粉红色、肿胀、湿润；发情中期，外阴黏膜大红色、极度肿胀和湿润；发情后期，外阴黏膜黑紫色、肿胀消退并逐渐变得干燥。发情中期配种母兔的受胎率和产仔数均高，为母兔的最佳配种时期。

（3）试情法　是指采用试情公兔接近待鉴定母兔，通过母兔对公兔的反应，进而判断母兔是否发情的方法。判断依据：如果母兔主动接近公兔，咬舔公兔，接受公兔爬跨甚至爬跨公兔，说明母兔已经发情；反之，如果母兔放入公兔笼内，躲避公兔，甚至对公兔进行撕咬，公兔爬跨时母兔不翘尾，用尾巴紧紧压盖外阴，则母兔没有发情。

2. **催情方法**　正常情况下母兔在分娩完成、仔兔断奶均会表现出再次发情。但有些母兔会由于多种原因表现出长期不发情，影响正常的繁殖。因此，在母兔配种之前采取措施对乏情母兔进行处理是必要的。常用方法：

（1）药物催情法　饲料中添加维生素 A，每日每只 1 500～2 000 国际单位，维生素 E 每日每只 10 毫克，连喂 10～15 天；中药治疗，当归 15%，党参 10%，淫羊藿 15%，阳起石 15%，巴戟天 10%，枸杞子 10%，白术 10%，炙甘草 5%，每日每只母兔饲料中添加 15 克左右。

(2)激素催情 孕马血清促性腺激素(PMSG)每日每只母兔 250 国际单位,连用 3 天,再注射人绒毛膜促性腺激素(HCG)200 国际单位,95%的母兔都能发情,接受配种并能妊娠。

(3)生物刺激法 将乏情母兔放入公兔笼内,让公兔对其追逐、爬跨,1 小时左右再将母兔放回原笼,经过几次刺激以后,母兔即可能出现发情;也可以将乏情母兔与公兔相邻饲养,利用公兔的气味,促进母兔发情。

(4)按摩催情 左手提起母兔后肢,右手拇指轻按母兔的外阴部,每次 5 分钟左右,等到用手触摸母兔背部,母兔自愿举尾时,说明催情成功。

(5)碘酊催情 据报道,采用 2%碘酊涂擦母兔的外阴部,使母兔出现发情的成功率能够达到 70%以上,配种受胎率可达 70%~80%。

(6)光照催情 适当地延长光照时间对母兔有良好的催情效果,特别是在光照时间比较短的季节,每日使兔舍的光照时间达到 14~16 小时,光照强度控制在 3~4 瓦/米^2,连续 7 天,具有良好的催情效果。

(7)剪毛催情 配种前 1~2 天对母兔进行剪毛处理,可以达到良好的催情效果,配种受胎率可达 75%~80%。

(二)同期发情技术

现代化养兔生产多为规模化生产,自然发情、自然分娩的情况下,毛兔的发情、配种比较分散,不利于母兔的分娩看护及仔兔的培育。在毛兔繁殖过程中,使种用母兔在同一时期发情、配种和分娩,有助于饲养管理,减少劳动工作量。常见的同期发情处理方法如下:

1. 孕马血清促性腺激素处理 每只母兔皮下注射 20~30 国

际单位的孕马血清促性腺激素，过 60 小时后再于耳静脉注射人绒毛膜促性腺激素 50 国际单位或促排卵 2 号或 3 号 0.5 微克左右，据报道经处理后母兔的发情率高达 93.3%。但应注意孕马血清促性腺激素用量不可过大，也不能连续多次使用。

2. 促排卵 2 号或 3 号处理　根据母兔的体重大小取促排卵 2 号或 3 号 5~10 微克溶于 0.2 毫升生理盐水中，进行耳静脉注射，同时进行人工授精。该方法受胎率低于自然发情配种，并且使用效果受到季节影响，春季使用效果最佳。连用 8 次以后，受胎率与产仔数明显下降。

（三）配种技术

配种技术是家兔繁殖中最基本的技术，通过合理的配种技术能够起到促进母兔受胎、提高后代数量的目的。为了保证配种技术的顺利实施，配种前应当做好充分的准备工作。主要包括：种用母兔配种前的检查，检查母兔的健康状况，剔除羸弱、性欲不强、患有生殖系统疾病和传染病的家兔。对母兔进行发情鉴定，依据母兔的发情状况，合理的选用配种交配方式。发情中期的母兔可采用自然交配的方式完成配种。发情初期和发情末期的母兔，往往会表现出拒绝交配，可采用人工辅助交配的方法。休情期母兔则应暂停配种。长毛兔被毛较长，为了方便毛兔的配种，还应将生殖器周围的长毛剪掉。配种场所的准备，毛兔的配种是在公兔笼内完成，以防环境变化，影响公兔的注意力，公兔笼内的饲槽、水槽应事先取出。

1. 自然配种　将发情良好的母兔放入公兔笼内，如果母兔表现温顺，与公兔互相嗅闻，说明可顺利配种。公兔爬跨母兔时，母兔举尾迎合，公兔将阴茎插入母兔阴道，臀部屈弓，射精时发出“咕、咕”的叫声，后肢蜷缩倒向一侧，爬起顿足，表现兴奋，说明顺利射精。配种完成后，为了防止精液倒流，饲养员可以轻轻拍打一下母兔的臀部，促进精液吸入。

2. **人工辅助交配** 人工辅助交配法也叫作强制配种法，采用辅助交配法主要是由于一些母兔在交配时拒绝公兔爬跨，甚至表现出咬斗行为，应当人工强制配种。常采用的人工辅助交配方法是绳助法：在母兔的尾尖处系一细绳，一手抓住母兔的耳朵对其进行保定，同时用手指勾住细绳牵拉，使母兔暴露阴部；另一手拖住母兔的腹部，迎合公兔交配。

3. **人工授精** 人工授精技术是伴随现代繁殖技术兴起的一种在规模化毛兔生产中普遍采用的配种形式。它是指借助器械将优良种公兔的精液采集出来，经过精液品质检查评定合格，对精液进行稀释后，再借助输精器械将稀释好的精液输入母兔生殖道内的一种人工辅助交配方法。与传统的配种方法相比，采用人工授精技术具有以下几方面的优点：

(1)充分利用优良种公兔的繁殖潜力 在自然交配情况下，1只种公兔可以负担5~8只种母兔的交配任务，而采用人工授精技术后，1只种公兔一次采集的精液经稀释后，可给10~20只发情母兔授精，1只公兔全年可负担100~200只母兔的配种需要。

(2)降低饲养成本 从生产角度来看，种公兔不直接参加生产活动，不直接产生养殖效益。在满足配种任务需要的情况下，种用公兔的存栏量越低，对养兔场来讲有效消耗的比例就会越大，效益则越高。而人工授精技术提高了种公兔的繁殖潜力，缩减了种公兔的饲养规模，因而有利于养兔场的成本控制。

(3)有利于提高兔群健康状况 采用人工授精技术，避免了种公兔和种母兔之间的接触，可以防止生殖器官疾病和其他类型的传染病在兔群中扩散。

(四)人工授精技术

人工授精技术主要包括采精前的准备、采精、精液品质检查、精液稀释、精液保存和运输、输精等几个步骤。

1. 采精前的准备

(1)采精器　假阴道法是家兔采精的常用方法，家兔的假阴道由外壳、内胎和采精器三部分组成。目前，尚无专门生产定型的兔用采精假阴道，当前使用的兔用假阴道多外壳多为硬质塑料管、橡皮管或竹管，内胎可选用手术用的乳胶指套或避孕套代替（图5-3，图5-4）。

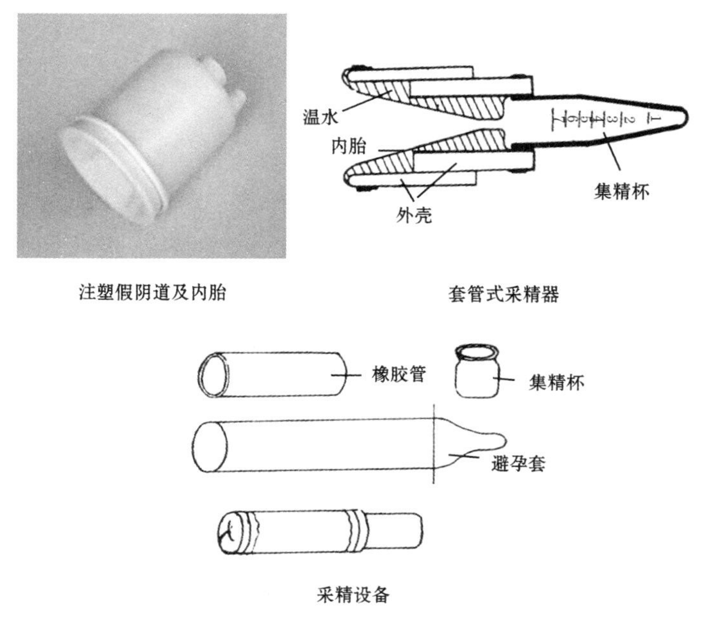

图 5-3　兔用采精设备

(2)输精器　目前，市场上兔用输精器主要存在几种不同的形式：

①塑料输精器　容易在母兔生殖道发生断裂，伤害母兔生殖器，并且塑料制品无法在沸水中消毒，容易导致母兔感染疾病。

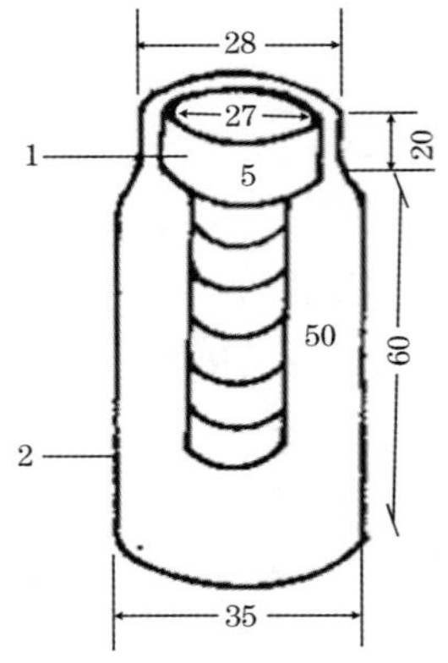

图 5-4 兔假阴道集精杯示意图 （单位:毫米）

1. 贮精瓶 2. 保护瓶

②玻璃制输精器 有明确的刻度,并且不易断裂,但压力太小。

③德国连续输精枪 输精深度可达 11 厘米,连续输精效率高。

④国产输精枪 塑料制成,刻度精确,压力大,输精深度可以达到 10 厘米。前两种输精器价格低廉但是均达不到良好的输精效果,并且在使用当中存在一定风险,不建议使用。德国进口连续输精枪价格昂贵,建议规模化兔场选用。国产连续输精枪效率高、效果好并且价格便宜,建议一般兔场选用(图 5-5)。

(3)器械的消毒 精子的生存能力很差,母兔的内生殖道也比较脆弱,容易受到外来细菌的感染。为了保证人工授精的顺利完成,并维护母兔的健康,在操作过程中所有可能与精液及母兔内生殖道接触的器械均应当严格消毒。耐高温的器械可在 106℃干燥箱内消毒 10 分钟,不耐高温的器皿可用 75%酒精或 0. 1%高锰酸钾溶液消毒,然后再用无菌生理盐水冲去残留的消毒液。

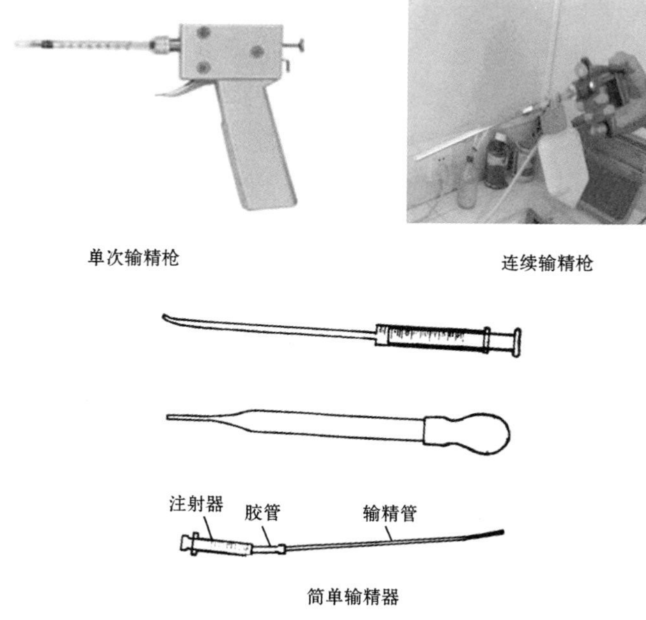

图 5-5　兔用输精器

(4) 台兔的准备　台兔最好选用健康发情的母兔。也可选用假台兔，即在采精人员手臂上用木板或竹条做成支架，然后再在上面蒙上一张处理过的兔皮。

(5) 采精公兔的训练　种用公兔适应采精操作应当有一个过程，开始训练时，选择健康发情的母兔让公兔爬跨，但不让其射精。经过反复多次训练，公兔学会爬跨，看到假台兔便会主动爬跨。

2. 采精　采精者左手抓住母兔耳朵和颈部皮肤，将母兔保定，右手握假阴道经母兔腹下伸向两后肢间，假阴道口紧贴外阴部并保持与水平成 30°角；另一人将公兔放在操作台上，待公兔爬跨母兔挺出阴茎时，立即将假阴道套入公兔阴茎。当公兔臀部抖动，向前一挺，后躯蜷缩，滑倒向母兔一侧并发出“咕咕”的叫声时，说明射精结束。放开母兔，竖直假阴道，使精液流入集精杯，采精完成(图 5-6)。

图 5-6　家兔的采精

采用台兔采精时，一般先把台兔放到公兔笼内，待台兔引起公兔性欲、公兔爬跨母兔后，再进行上述采精过程。

3. **精液品质检查**　精液品质检查应当在采精结束后马上进行，环境温度控制在 18℃～25℃最为适宜。品质检查分为肉眼观察和显微镜观察两个方面，肉眼观察主要观察精液量、颜色及浑浊度，显微镜检查主要检查精子密度、活力、畸形率等。

(1)外观检查　正常公兔每次射精量为 0.5～1.5 毫升，精液颜色为灰白色或乳白色，个别略带黄色。若精液颜色异常，则说明精液中混入了异物，混入尿液时精液呈琥珀色，混入新鲜血液时呈红色，混入化脓性物质时带绿色，混入陈血或组织细胞时带褐色。浑浊不透明，一般来看浑浊度、颜色与精子密度成正比，精子密度大的精液往往呈云雾状翻腾。新鲜的精液无臭味，而有特殊的腥味。pH 值为 6.8～7.3。

(2)显微检查　是指用显微镜在200~400倍下观察精液中精子的密度、活力、畸形率。检测时,环境温度应控制在37℃~40℃。

①密度测定　精子密度的测定多用估测法,该方法比较简单,对于有经验的估测者来说,也能够较客观准确地描述精子的密度。估测时一般把精子密度划分为“密、中、稀”3个等级。密,是指在显微镜视野内,精子之间距离很小,精子之间几乎无间隙,不能看清单个精子的活动;中,指精子之间有一定的距离,相当于1~2个精子的长度,能够看清单个精子的活动;稀,指精子之间有2个以上精子的间隙,或精子呈零星分布。合格的精液中,精子密度必须达到“中”以上(图5-7)。

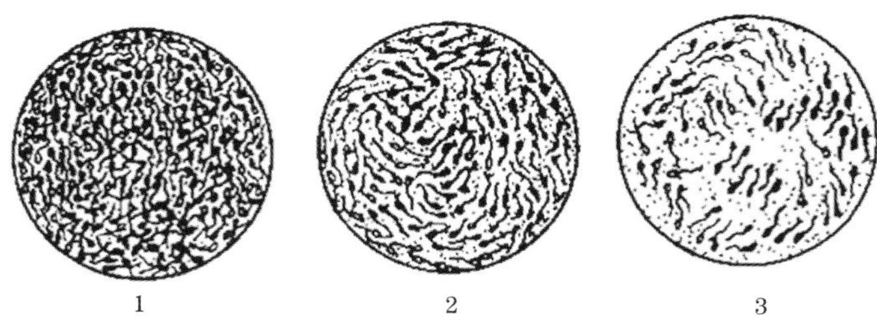

图5-7　精子密度估测法

1. 密　2. 中　3. 稀

②活力检查　精子的运动形式有3种:直线运动、旋转运动和摇摆运动。活力大小的评定就是按照精子的3种运动所占的比例来进行的。由于精子的运动受外界温度影响很大,所以在检查活力时最好在27℃~28℃下进行。精子活力表示采用“十分制”评分,视野中100%精子做直线运动,记为活力1.0,90%精子做直线运动记为活力0.9,依次类推。一般认为,常温精子活力在0.6以上,解冻精子活力在0.3以上,能够保证母兔的受胎率。

③畸形检查　正常的精子形态呈蝌蚪状,包括头部、颈部、尾

部。畸形精子主要包括有头无尾、有尾无头、双头、双尾、大头、小尾、尾部卷曲等几种情况。检查方法：首先吸取一滴精液置于载玻片抹片，空气中干燥后，再用0.5%龙胆紫酒精溶液染色3分钟，放于400~600倍显微镜下观察，计数500个精子，计算畸形率。

$$\text{精子畸形率}=\frac{\text{畸形精子数}}{500}\times100\%$$

合格的精液中精子畸形率必须在20%以下。

4. 稀释 精液经检查合格后，应当进行稀释，通过对精液的稀释，能够起到扩大精液量和延长精子寿命的目的，也便于对精子的保存和运输。

(1)稀释液的种类 为了保证精液质量，稀释液宜现配现用。常用的稀释液配制方法有以下几种：

①葡萄糖卵黄稀释液 无水葡萄糖7.6克，加蒸馏水至100毫升，充分溶解、过滤，密封，煮沸20分钟后，冷却至25℃~30℃，再加入1~3毫升新鲜卵黄，青霉素、链霉素各10万单位。

②蔗糖卵黄稀释液 蔗糖11克，加蒸馏水100毫升。后同①。

③柠檬酸钠卵黄稀释液 柠檬酸钠2.9克，加蒸馏水至100毫升。后同①。

④柠檬酸钠葡萄糖稀释液 柠檬酸钠0.38克，无水葡萄糖4.5克，卵黄1~3毫升，青霉素、链霉素各10万单位，加蒸馏水至100毫升。

⑤牛奶卵黄稀释液 鲜牛奶或奶粉5克或10克，加蒸馏水至100毫升。后同①。

⑥生理盐水稀释液 0.9%生理盐水的无菌溶液，加入青霉素、链霉素各10万单位。

(2)稀释方法 精液稀释必须遵循等温、等渗、等pH值的原则，在进行稀释时，用吸管吸取事先预热与精液等温(25℃~30℃)

的稀释液，沿试管壁缓慢加入精液中，随即用玻璃棒轻轻搅动，使其混合均匀。通常家兔精液的稀释倍数为 3～5 倍，每毫升稀释精液中活力旺盛的精子数应当在 1 000 万个以上。

5. 精液的保存　经稀释处理后的精液根据使用要求，可以现用，也可以贮存起来留作以后使用。如果是现采现用，精液保存在 30℃条件下即可。如果是 4～8 小时以后使用，精液可保存在 15℃～20℃的室温环境下。如需长时间存放，必须先对精液进行缓慢降温，再放置在冰箱或冷藏杯中 0℃～5℃保存，使用前再缓慢升温。

6. 输精　对发情母兔直接进行输精，往往效果不佳。因此，在输精前应当先对母兔做刺激排卵处理。

（1）促排卵处理　每只母兔肌内注射促排卵 3 号 0.5 微克，或者使用绒毛膜促性腺激素 50 国际单位、黄体素 50 国际单位。注射后 6 小时内输精。对于发情鉴定未发情的母兔，可以先用孕马血清促性腺激素、雌激素等诱导发情，然后再刺激排卵。

（2）输精方法　母兔的输精采用倒提法效果很好。保定人员左手抓住兔双耳和颈部皮肤，右手将尾巴翻压在背部并抓起尾部及背部皮肉，使家兔后躯向上头向下，腹部面向输精员固定好。输精前用 75%酒精棉球或 2%碘酊棉球清理阴门部的污物，消毒阴门。然后输精员将输精器沿阴道壁轻插入阴道内，遇到阻力时，向外抽一下，换一个方向再向内插，插入深度以 6～8 厘米靠近子宫颈口处为宜，缓慢推入精液 0.3～0.5 毫升。输精完成后缓慢抽出输精器，并轻轻拍打母兔臀部，以防精液倒流。一般来说，母兔在发情期间输精 1～2 次，有效精子理论数量应达到 1 000 万～3 000 万个。

（五）妊娠诊断技术

母兔在配种后，鉴定其是否受胎的技术称为妊娠诊断技术。

此技术及时准确地判断出母兔妊娠与否，能够有效减少母兔的空怀、漏配现象，从而缩短时代间隔，提高母兔的繁殖利用率。妊娠诊断方法有称重法、复配法、摸胎法。在实际生产中发现称重法和复配法有很大的误判性，准确性差，生产当中已经很少使用。而摸胎法具有操作简单、准确率高的特点，成为广大兔场普遍采用的妊娠检查方法。

摸胎法是在母兔配种后 10~12 天，由经验丰富的饲养员用手去触诊母兔的腹部，来判断母兔是否妊娠的一种方法。具体操作如下：左手抓住母兔双耳及颈部皮肤使其头部朝向施术者，右手食指、拇指叉开呈"八"字状，掌心向上伸向母兔的腹部，稍微托起母兔但四脚不离开地面，使其腹部内容物前移，五指沿着腹壁由前向后轻轻触摸腹腔内容物的质地、形状、大小。若感觉腹部内容物柔软如棉，则表明母兔没有妊娠；若能感觉到腹内有花生粒大小的球状光滑物质来回滑动，轻轻按压有弹性，表明该母兔已经妊娠（图 5-8）。

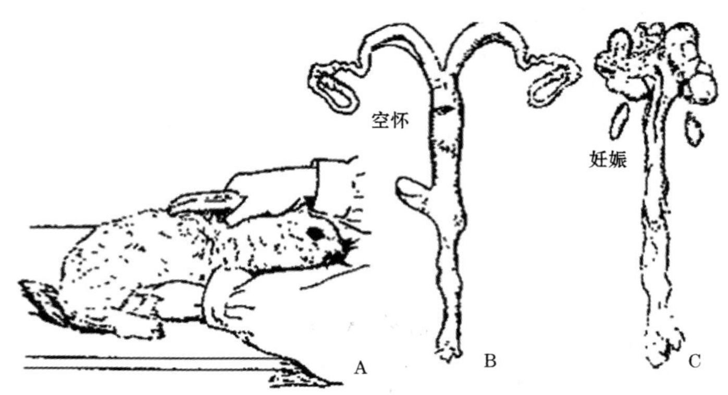

图 5-8　摸胎法妊娠诊断

A. 摸胎方法　B. 空怀子宫　C. 妊娠子宫

注意事项:①避免与粪球混淆。摸胎时应当注意将胚胎与粪球相区别,一般来说,粪球为圆形,且质地坚硬无弹性,在腹腔当中无固定位置,并且顺着肠道延伸到肛门处。胚胎则表面光滑有弹性,位置较固定,用手触摸来回波动。②防止流产。摸胎本身对母兔是一个应激因素,因此在操作过程中,应尽量保持动作轻柔,摸胎准确快速。③充分考虑个体因素。家兔是多胎动物,但是生产中总有一些个体胚胎数量较少,因此检查时要反复触摸,以免发生误判。

(六)诱导分娩技术

诱导分娩俗称引产,它是人工控制母兔分娩时间的繁殖技术。是指在妊娠末期的一定时间内,利用外源激素或其他措施诱导妊娠母兔在比较合适的时间提前分娩,并产下健康的仔兔。由于家兔的分娩时间多为夜间,而在寒冷的冬天为了防止仔兔被冻死、饿死或是被母兔吞食,进行人工分娩看护是必需的。这就造成了分娩看护和人的作息周期的不协调,因此在生产中采用诱导分娩的方法,将母兔的分娩时间调整到白天,既便于分娩看护提高仔兔存活率,又能减轻饲养人员的劳动疲劳。诱导分娩的方法有:

1. 诱导法

(1)拔毛　以母兔乳头为圆心,拔掉周围约2厘米的毛。

(2)吮乳　从其他窝仔兔中选择出生5~8天的仔兔吸吮母兔乳头3~5分钟。

(3)按摩　用干净的热毛巾,拧干后在母兔腹下按摩0.5~1分钟,然后将母兔放入产箱。

(4)观察及护理　经上述过程处理的母兔一般在6~12分钟即可分娩,分娩后应对仔兔加强护理。

2. 缩宫素法　对妊娠期达到30天的母兔,给每只母兔臀部注射缩宫素5国际单位。

3. **氯前列烯醇法** 氯前列烯醇不仅具有溶解黄体,对抗孕酮终止妊娠的作用,同时还具有强烈的刺激子宫平滑肌收缩的功能,能够诱发分娩,也有利于母兔子宫的净化。每只母兔注射氯前列烯醇 10~15 微克可使母兔在 3 小时左右分娩。同时,配合少量的缩宫素,能够使母兔顺利分娩。

三、提高毛兔繁殖力的措施

毛兔的繁殖力是指毛兔维持正常繁殖功能,生育繁衍后代的能力。从实际生产中来看,更侧重于在规定时间内毛兔产生后代的能力。具体而言,对于种公兔来说,主要是指种公兔精液的数量、质量、性欲、与母兔的交配能力;对于母兔来说,则是指性成熟的早晚、发情表现是否充分、排卵数量、卵子的受精能力、哺育后代的能力。毛兔的繁殖能力除了受本身功能的影响外,外部环境也是不可忽视的影响因素。

(一)衡量毛兔繁殖力的指标

1. **受胎率** 指在一定时期内母兔配种受胎数占参加配种母兔数的百分率,即

$$受胎率=\frac{母兔配种受胎数}{参加配种母兔数}\times100\%$$

2. **产仔数** 指一只母兔一次分娩的产仔总数(包括死胎、畸形胎儿),性能测定或品种鉴定时应当以第一至第三胎的平均数计算。

3. **产活仔数** 指一只母兔分娩 24 小时后仍然存活的仔兔数量。种母兔产活仔数以第一胎除外的连续 3 胎的平均数计算。

（二）影响毛兔繁殖力的因素

1. **温度**　极端温度环境会使家兔处于应激状态。毛兔的临界环境温度为5℃～30℃，当环境温度低于5℃时，种公兔的性欲会受到影响，母兔则会表现发情异常。而高温对繁殖种兔的影响更甚于低温。当环境温度超过30℃，且持续时间较长时，公兔便会发生睾丸体积缩小、睾丸曲细精管生精上皮变性，不能产生正常的精子，从而出现“高温不育”。母兔在高温条件下由于采食量降低，受胎率、产仔数、泌乳量、断奶活重都会降低；并且高温季节受胎，母体散热既要承受本身机体散热还要承担体内胎儿的代谢散热，会进一步加剧母兔采食量的下降，摄入的营养物质不足，母兔便会分解储备营养物质来满足胎儿发育，从而会使体内蓄积大量酮体，发生妊娠毒血症而死亡。

2. **营养**　适宜的营养水平是保持毛兔旺盛繁殖能力的保障。营养水平不足，必然会导致毛兔生长发育迟缓，阻碍幼龄毛兔的生殖器官正常发育，使初情期和性成熟推迟。但是过高的营养水平同样也是不利的，营养水平过高会导致种公兔和种母兔体况过肥、脂肪沉积，影响卵巢中卵泡的发育和排卵，也会影响种公兔精子的生成。

与毛兔生殖密切相关的营养素主要有：

（1）维生素A　主要功能是维持上皮组织的正常功能，对于母兔生殖功能及胚胎发育均有重要的作用。如果种兔维生素A摄入不能满足需要，则会导致内分泌腺上皮组织功能异常，生殖激素分泌紊乱，分泌量减少甚至停止分泌，影响正常发情和受精。

（2）维生素E　又名生育酚，它能够促进垂体前叶分泌促性腺激素，维持动物的正常性周期，并增强卵巢的功能，促进受胎，提高受胎率并能保证胚胎的正常发育。

（3）维生素D　主要功能是促进钙、磷的吸收，有利于钙、磷沉积于骨骼和牙齿中。当缺乏时,公、母兔的配种能力减弱。

(4)锌 对机体的性发育、性功能、生殖细胞的生成能起到举足轻重的作用。有研究表明,兔日粮中补充锌可以增加每日精子产量,减少畸形精子比例,显著提高精液品质。缺锌时会导致精子生成受阻,生精上皮萎缩,还会引起性激素分泌不足,第二性征不能充分表现。

(5)硒 与维生素 E 有着相同的作用,即在动物体内起到抗氧化的作用。日粮中适宜水平的硒,能够促进仔兔生长发育,提高成活率。硒不足时,会出现受胎率降低,胚胎发育异常,弱胎、死胎、胎儿重吸收等现象。

3. **光照** 光照对母兔繁殖性能的影响,主要是通过影响褪黑激素合成来实现的。光照刺激作用于视网膜,进而经神经递质抑制松果体合成褪黑激素,减少褪黑激素的分泌量,而褪黑激素有抑制促性腺激素合成和分泌的效果,因此通过适当增加光照强度、延长光照时间可以提高母兔的繁殖能力。法国国家农业科学院的研究证明,兔舍内每日光照 14~16 小时,光照每平方米不低于 4 瓦,有利于繁殖母兔正常发情、妊娠和分娩。

4. **遗传** 现代养殖的家兔品种,均是人类处于某种生产需求而特定培育的产物,不同的品种、品系在培育过程中侧重的方向不一样,也就造成了不同品种、品系在各项性能上存在着或大或小的差异。比如德系长毛兔,平均每胎产仔 6 只左右,而日系安哥拉兔每窝产仔 8~9 只。

5. **管理** 种用毛兔的合理使用与否,同样会影响到毛兔的繁殖力。如种兔配种过早,会导致种兔的早配早衰,繁殖利用年限降低。种用公兔配种次数过多,配种过于频繁,会使精液变稀、精子数减少,从而受胎率降低;配种次数过少又会影响种公兔的性欲,死亡精子数增多,也会影响受胎率。母兔配种过于频繁,直接影响种母兔的体况,进而导致受胎率降低、仔兔发育不良,死胎、弱胎增多。

激素制剂使用不当，会导致卵巢等繁殖器官发生功能障碍，内分泌失调，功能减退，受胎率下降或不能正常受精。

管理当中措施不当、管理不到位会导致种用毛兔发生疾病。各种疾病都会或多或少地影响繁殖效果。例如，巴氏杆菌、副伤寒、黏液瘤病能够引发子宫炎或睾丸炎；球虫病、肝片吸虫病会造成毛兔营养消耗、身体羸弱。

（三）提高毛兔繁殖力的措施

1. 合理给予营养　毛用种兔繁殖离不开适宜的营养作为物质基础，实践证明，营养水平过高或过低，都会给毛兔的繁殖带来危害。从需要的营养物质来看，种用毛兔的营养物质特别要满足蛋白质、能量、钙、磷、维生素 D、维生素 A、维生素 E、锌、硒等的需要。但是种用母兔和种用公兔又是存在差异的，不能一概而论。

一般而言，产毛期的种母兔应当使饲料中消化能达到 10.5～11.5 兆焦/千克，粗蛋白质含量 16%～17%，粗纤维 14%，粗脂肪 3%～4%，钙 1.2%，磷 0.6%～0.8%，含硫氨基酸 0.7%，赖氨酸 0.62%。这样，就能使种兔在产毛时达到中等体况。

种公兔的饲料粗蛋白质应当控制在 16%～17%，同时饲料中保证维生素 A 和维生素 E 的供给，注意补充锌、锰、硒等微量元素。特别应当注意在冬季青绿饲料不足时，要补喂胡萝卜和大麦芽，或在配合饲料中添加维生素 A、维生素 E 制剂，以提高其配种能力。

2. 环境适宜　自然条件下，毛兔繁殖的最佳季节为春季，其次为秋季。这两个季节气温适宜，有充足的青绿饲料。而到了炎热的夏季，毛兔受到高温的影响，繁殖力大幅下降，因而往往终止夏季的繁殖。但是在生产当中，如能够有效控制高温，可以增加母兔的年繁殖胎数，提高兔群的繁殖力。长毛兔最适宜的环境温度是 14℃～16℃。

实际生产当中，兔舍降温的措施很多，应当结合实际条件灵活选用或组合应用。

（1）兔场绿化 在兔舍空地种植绿色植物，尤其是在兔舍阳面种植一些藤蔓植物，能够在炎热的夏季起到缓和太阳辐射、净化兔场空气的效果。

（2）屋顶灌水或植绿 对于承重能力较强的兔场，可以将兔舍顶部设置成槽状，在兔舍顶上铺一层塑料布，夏季在槽内灌水，通过水吸收掉太阳的辐射热，可减少太阳直射。也可以在兔舍顶上铺一层厚 30 厘米的土，种植甘薯、花生等植物，阻隔太阳辐射热。

（3）采用降温设施 生产中根据毛兔市场的变化可以灵活选用降温设施，如行情较好、利润较高时，可以考虑在种用兔舍加装空调，采用空调降温。当行情一般时，可以采用干式或湿式降温。干式降温是指舍内空气通过盛冷物质的设备，达到降温效果。湿式降温又包括蒸发冷却和喷雾冷却两种，蒸发冷却常用的形式是地面或屋顶洒水、兔舍内挂湿帘，通过水分的蒸发带走地面或屋顶的热量来起到降温作用。喷雾冷却是指将低温的水以水雾状喷到舍内空气中，使舍内气温降低。不管哪一种湿式降温法均会增加兔舍的湿度，因此在湿度过高时不宜采用。

（4）合理的光照 光照是影响毛兔繁殖的又一重要环境因素。特别是冬、春季节光照时间较短，为了提高母兔的繁殖力，必须适当补充光照。实践证明，每日补充光照到 16 小时，有利于母兔发情，也能够提高仔兔的成活率。

3. 正确运用繁殖技术

（1）严格选择种兔 严格按选种要求选择符合种用标准的公、母兔作种；要求种用公、母兔必须体质健壮、发育良好、健康无病、符合本品种特征，种公兔还应当生殖器官发育良好，两侧睾丸大而匀称，无隐睾、单睾现象，性欲旺盛；种母兔应当选留乳头数量

在 4 对以上,性格温顺、母性良好的。

(2)做好选配工作　种用毛兔的繁殖应当制定周密的繁殖计划,对参加配种繁殖的做好系统的繁殖记录。明确种用兔的血缘关系,严格进行选配,避免兔群因近亲交配出现退化、血统混杂等不利现象。

(3)注意公、母兔的适宜比例及种兔群的年龄结构　适宜的公、母比例,是合理利用种公兔的前提。一般而言,商品兔场,公、母兔比例为 1 : 5~6。从年龄构成上来看,应当构建以适龄母兔为主的繁殖兔群。种母兔的年龄应当控制在 8 月龄~3 岁,其中 8 月龄至 1 岁的青年兔占 30%,1 岁至 2.5 岁的壮年兔占 50%,2.5 至 3 岁的老年兔占 20%。

(4)合理利用种公兔　种公兔的配种强度不宜过高,一般为每日配种 1 次,连续使用 2 天休息 1 天。如果兔场配种任务过于艰巨,也可以在短时间内提高利用强度,但一定要注意持续时间不能过长,同时要为种公兔补充营养。如果种公兔长期不参加配种,会出现暂时性不育,应当在首次配种后复配 2 次;如采取人工授精,第一次采取的精液应弃掉不用。

(5)适龄配种　长毛兔在适宜年龄进行初配,既能发挥其繁殖能力和生产性能,同时在提高后代质量方面有重要作用。青年兔的初配时间应适宜,不能早也不能晚。德国的做法是:繁殖用小公兔,商品场在 20 周龄第二次剪毛后、育种场在 34 周龄第三次剪毛后测定精液品质,根据第一次采精量和精液品质选留公兔。凡确定为种公兔者,以后每隔 6 周剪毛 1 次,34 周龄配种。繁殖用小母兔 34 周龄第三次剪毛,剪毛后第一天配种。一般认为,剪毛是一种最好的催情方法。中系安哥拉兔的性成熟较早,因此初配时间还可以提前。

(6)适时配种　长毛兔的配种时间应当选择在发情的中后期,即母兔外阴潮红、湿润肿大时配种容易受胎。但是配种当天也有适时问题,据数据统计,中午 12 时配种受胎率最低,受胎率 50% 左右;其次为傍晚配种,而晚上 9~11 时配种受胎率最高,可达 84%。

(7)采取双重配种或重复配种 为了提高母兔的受胎率,生产中可以采取双重配种和重复配种的方法。前面已经介绍了双重配种和重复配种的区别及应用范围。值得注意的是,采用双重配种的时候,一定要等到残留在母兔身上的第一只公兔的气味消失后再与另一只公兔交配,否则第二只公兔就会误认为母兔是第一只公兔,不但不能完成配种,还会咬伤母兔。配种后应及时检查妊娠状况,减少空怀。种母兔必须实行单笼饲养,避免产生“假妊娠”。

(8)适当采取频密繁殖 频密繁殖也称为血配,即在母兔分娩完成的当天或第二天进行配种。由于母兔有这一生理特点,只要做到精心饲养和科学管理,适度进行频密繁殖也是可行的。生产中应当将频密繁殖、半频密繁殖和延期繁殖 3 种方法灵活结合运用,以提高母兔的繁殖效果。

4. 推广应用繁殖控制新技术 随着分子生物学、繁殖学、生物化学等多学科的发展,当今,在动物繁殖中涌现了大量新的繁殖调控技术。如同期发情技术、诱导分娩技术、人工授精技术、超数排卵技术等。这些技术已经在其他家畜繁殖中普遍应用,并且其效果也得到了证实。因此,依据家兔的繁殖生理特点,合理地采用繁殖新技术也必将会大幅提升毛兔的繁殖力。

第六章
毛兔的饲养与管理技术

一、毛兔的生活习性

据统计，动物的生产性能20%取决于品种，40%～50%取决于饲料，30%～40%取决于饲养管理。而饲养管理方案制定的主要依据就是动物的生活习性。只有制定的饲养管理方案符合动物的生活习性，才能最大限度激发动物的生产潜能，为我们的动物生产带来最大的效益。

毛兔是人类为了满足自身一定的经济用途，由家兔培育而成的一个特定品种，因此从生活习性上毛兔与家兔具有很大的相同点。

（一）夜 行 性

据考证，家兔起源于野生穴兔，在自然界当中，穴兔体型弱小，以草为食，几乎没有攻击能力和有效的防御能力，成为自然界中其他肉食动物的捕食对象。在进化过程中，野生穴兔为了逃避敌害，逐渐养成了昼伏夜行的习性。在人工饲养下的家兔虽然白天活动没有了野生状态下的危险，但依然保留了其祖先的这一生活习性。

在日常管理当中,常常表现为夜间活跃而白天安静,除觅食饮水以外,总是在笼子内闭目养神。家兔的采食和饮水也是夜间多于白天。据测定,自由采食的情况下,家兔晚上的采食量和饮水量占全天的65%以上。家兔的分娩也往往选择在有利于其生存的晚上。

根据这一生活习性,我们在日常管理中应当注意以下几点:

①毛兔喜欢在白天休息,饲养人员白天应当尽量减少在兔舍内走动,保证白天兔舍环境的安静,为毛兔良好的休息、睡眠创造条件。

②毛兔晚上饮水、采食量较大,在日常饲喂中,应当合理分配毛兔一天的日粮,晚上供给充足的饲草和饲料。

(二)穴居性

穴居性是指兔有打洞挖穴并在穴内居住产仔的行为。在养殖当中应当注意,建造兔舍和选择饲养方式时,应考虑这一特性。不然,选材不当,设计不适,便会导致家兔乱打乱挖,不仅会造成兔的逃逸、管理困难,还会损坏兔场建筑的地基。

据考证,地下洞穴具有光线暗淡、温度恒定、环境安静的优点,能够给予家兔安全感,尤其符合家兔分娩的环境要求。因此,我们在设计兔舍时,可以充分利用家兔的这一习性,建造仿生繁育舍,为家兔后代繁衍、培育创造良好的环境。建造仿生繁育舍需要提前挖好地窝,再安装兔笼,兔笼采用多层重叠排列,最底下一层通过通道与地窝相连饲养种母兔,上面两层饲养青年兔和育肥兔。

(三)胆小怕惊

弱小的野生穴兔能够在物竞天择的竞争法则中生存下来,有其独特的保命方式。除了繁殖力强、昼伏夜行、打洞穴居以外,另一个重要的原因就在于家兔警惕性高,能够及时感知外界危险并做出相应的反应。这一特点得益于其发达的听觉,兔耳朵长大,并能一边灵活转动从而收集来自各个方向的声音，一边逃避敌害。当兔发现异常情况时便会高度紧张，后足用力拍打地面向同伴报警，并迅速躲避。

尽管家兔生活在人工饲养条件下，但其胆小怕惊这一特点依然保留了下来。生产当中，兔舍突然闯入其他动物（猫、狗、老鼠）、雨天突发性的闪电、雷鸣、陌生人的接近、突发性噪声（鞭炮、喧哗）都会使家兔发生应激性反应：精神高度紧张、呼吸急促、心跳加快。这种惊群应激对兔的危害是极大的，妊娠母兔可能发生流产、早产；分娩母兔停产、难产、死产；哺乳母兔泌乳量下降、拒绝哺乳甚至咬死、踩死、吞食仔兔；幼龄兔还会出现消化不良、腹泻、肚胀。因此，在养兔生产中有"一次惊场，三天不长"的说法。

了解兔的这一生活习性，有利于我们进行兔场规划及规范管理。首先兔场选址建设应远离噪声源，尤其是远离主要干路、集市、村庄、采石场等容易产生噪声的场所；日常管理应规范，无关人员禁止入场，兔场中原则上不饲养其他动物，更应该注意防止其他动物闯入兔舍；逢年过节兔场不应燃放爆竹；日常管理动作要轻，饲养人员应尽量减少在兔舍内制造噪声，如大声喧哗、匆匆跑动、敲击笼具；饲养管理应定人、定时，制定作息制度并严格遵守。

（四）喜清洁、爱干燥

潮湿污秽的环境是各种病原微生物、寄生虫滋生的温床，而家兔敏感性高、抵抗力差，在此条件下更容易发生各种疾病。而清洁、干燥的环境不利于细菌的孳生，更有利于控制家兔疾病。在生产中发现，兔舍中湿度过高，会对兔体本身和兔的生存环境带来一系列不利影响。如影响兔的新陈代谢和体温调节、使环境微生物数量增多、导致舍内饲料发霉变质速度加快、饮水质量变差等。所以，只有保持兔舍干燥，才能保证兔体的健康，保证养兔的正常生产。

根据兔的这一特性，在生产中我们应注意以下几点：兔场建设时应当选择地势高燥、地下水位低的地方建场，地面和墙体应当做防潮处理。粪尿沟的设置应当光滑、有一定坡度，便于粪尿快速排出；日常管理中应注意及时清理粪尿，一方面保持兔舍卫生，另一方面减少通过粪尿蒸发到兔舍中的水分来源，平时应当做到2~3天清理1次，冬季、夏季可适当增加清粪次数；加强饮水系统的检修，及时处理漏水、滴水部位。据观测，兔舍内的湿度很少是来自粪尿蒸发和呼出的水蒸气，主要来源于饮水系统漏水和人为冲洗粪尿沟。

（五）群居性差

动物的群居性是社会性的一种表现，兔有一定的群居性，但是群居性并不强，兔的群居性受年龄、性别的影响。一般而言，幼龄兔群居性好于成年兔，雌性兔群居性好于雄性兔。其中，尤其是同性成年公兔之间的群居性极差，公兔之间的咬斗现象最为常见，也最为激烈，往往咬关键部位，如睾丸、眼睛，直到一只公兔“认输”，任另一只咬，咬斗才会结束。因此，种用公兔如果养在一起，往往会由于咬斗而导致种用价值完全丧失。母兔性格虽然温和，但咬斗现象也偶有发生，只不过程度比公兔的咬斗要缓和得多。

根据家兔群居性差的特点，在日常管理中应合理地制定兔群的饲养规模。幼兔群居性强，在小兔刚刚断奶的时候可以利用这一优点，进行小群饲养，一方面减少兔笼兔舍的占用，节约固定资产的投入，另一方面可以减少断奶应激，有利于度过断奶危险期，但是群体应当以同窝仔兔构成；性成熟之后由于公兔好斗，尤其是有配种经历的公兔好斗性更强，所以公兔在此时期应当单笼饲养；母兔性情温顺，为了节省投资或笼具紧张时，空怀期、妊娠早期的母兔可以两只同笼，但是到了妊娠后期为了防止流产，应当单笼饲养。处于生产阶段的毛兔，为了防止互相吃毛，影响产毛量和毛的质量，必须做到单笼饲养。

（六）嗅觉、味觉和听觉灵敏，视觉差

1. **嗅觉**　兔的嗅觉灵敏，主要是因为兔的鼻腔黏膜上分布着大量的嗅觉细胞，对于气味的反应很灵敏。兔主要依靠嗅觉来辨别雌雄、分辨子女及栖息地、饲料。在实际生产中，有许多管理措施也是针对兔嗅觉灵敏这一特点而采取的。如双重配种时，我们尽量将第一只公兔配种和第二只公兔的配种时间拉长一些，就是为了使母兔身上第一只公兔的气味充分散尽，否则第二只公兔就会认为母兔是第一只公兔，结果不是配种而是撕咬；进行仔兔寄养时，我们可以在不同毛色、品种的兔之间相互寄养，同时对母兔或仔兔进行气味处理，这样既能混淆母兔的识别，又能便于我们的辨认，从而防止寄养后的血缘混乱。

2. **味觉**　兔的味觉也相当发达，在其舌头表面分布着数以千计的味蕾细胞。味蕾细胞的分布有区域分工，不同区域感受不同的味道。生产实践表明，兔喜欢采食甜味、酸味、微辣、植物苦味的饲料，而不喜欢药物苦味。因此，在兔饲料中投放药物或添加带有其他异味的添加剂时，应当在兔饲料中添加调味剂来校正饲料的口味。兔料加工中添加一定量的糖浆或蜂蜜是一种很好的选择，既能增加饲料的甜味、提高适口性，又可以增加饲料的黏合度，使饲料成形、减少粉尘率。

3. **听觉**　兔有长大直立的双耳，耳郭大并且能向不同的方向转动，不仅可以判断声音的大小，还能判断声音的远近。兔发达的听觉是其在野生状态下适应环境的必要手段。但是在人工饲养条件下，这一优点却给我们的饲养带来许多麻烦。生产中略有声响往往会造成整个兔群的骚动，从而给兔群生产带来不良影响。为了减少兔对噪声的敏感度，人们采取了许多措施，其中有些方法取得了很好的效果，值得借鉴和学习。如在妊娠母兔和泌乳母兔耳

朵中堵塞棉塞;仔兔阶段在兔耳朵上打孔,即在仔兔阶段在兔两耳朵间各打一小孔,随着耳朵的生长,孔越来越大,从而导致兔对声音的收集率降低。

4. **视觉** 家兔的视觉比较差,主要表现在以下多个方面:

(1)视力范围 兔的眼睛位于脸颊两侧的上方,有助于扩大兔的视力范围和远视距离,兔的双眼能够观察到身后的东西,视角差不多可达360°。但是在兔两眼前方存在一个小盲点,同时在兔鼻子下方和下巴下方10°的位置也是兔的视觉盲点,因而兔看不清正前方、近距离的东西。兔的采食主要是依靠嗅觉定位而不是视觉。

(2)颜色辨别能力 同大多数哺乳动物一样,兔的颜色辨别能力差,是色盲。有证据指出,兔子能够明显分辨出绿色和蓝色。

(3)清晰度 兔视网膜上的锥状细胞比人类要少很多,因此兔看到的影像相对模糊。兔辨别主人,主要是依靠声音、动静、气味和有限的声像来实现的。

(4)视觉敏锐度 兔子眼部对焦能力差,尤其是对于近距离的物体,对焦能力很差;而对于远距离的对象,效果比较好,因此兔看远距离的物体时比较清晰。

(5)距离感 兔的视觉范围广,也造成了双眼视觉范围重叠部位少,因而兔子接收到的多是平面影像。兔大多不能看清对象的距离,只能通过对象的大小和对象的模糊度去判断对象距离的远近。

(6)夜视能力 虽然兔子喜欢黑暗的环境,但是兔的夜视能力并不强。本身其活动也是以黄昏、黎明最为活跃,因此兔子的眼睛是习惯在暗光下看东西,而在光线充足或黑暗当中,它们的视力也不好。

归纳以上几点,兔的视觉特点为视力范围广、色盲、清晰度差、远视能力好、距离感差、暗光下看东西最为清楚。

(七)啮齿性

兔的门齿是恒齿,即出生时就有,并且永不脱换、终生生长。据报道,如果任其完全生长,上门齿每年生长可达10厘米,下门齿每年12厘米。因此,兔必须借助啃咬硬物,不断磨损牙齿,才能保持其上、下颌的正常咬合。这种借助啃咬硬物磨牙的习性,称为啮齿行为。

兔的啮齿行为常常造成笼具、产箱的损坏。为了避免损失,笼舍建造时应考虑到兔的这一行为,建造兔笼的材料必须坚固结实,如铁丝、水泥均可使用。同时,还要考虑兔的啮齿是一种正常行为,在配合饲料时可以选用颗粒饲料,平时在兔笼中放置一短的木棒作为兔的"磨牙棒",以防止兔出现牙齿畸形。

生产中有一种隐性遗传疾病也会导致牙齿畸形,具体表现为上、下门齿不能准确咬合,有的往外徒长,露出口腔;有的往里徒长,刺伤口腔。这种疾病被称为牙齿错位,由隐性基因(mp)控制,出生时难以发现,3周后的仔兔逐渐暴露。近亲交配是发生该遗传疾病的一个主要原因。

二、毛兔的采食习性和消化特点

(一)采食习性

1. **草食性**　毛兔是单胃草食动物,以植物性饲料为主,并且采食范围广,以植物的根、茎、叶和种子为食。生产实践证实,粗饲料在家兔生产中起着不可取代的作用。这是因为草等粗饲料不仅能够为兔提供营养物质,还是兔日粮结构的重要组成部分,尤其是在维持兔消化系统正常功能方面作用显著。

毛兔的草食特点决定了在饲料配合中应当遵循以草为主、精饲料为辅的原则。因此,毛兔生产是一项节粮型产业,可以减缓人、畜争粮矛盾,符合我国的产业政策,适合大力推广发展。

2. 素食性　毛兔喜欢采食植物性饲料,而对动物性饲料表现出一定的抗拒性。研究表明,毛兔之所以不喜欢采食动物性饲料,是由于动物性饲料的腥味导致的。笔者将猪肉烹饪过素油炒熟后饲喂家兔,兔表现出浓厚的采食兴趣,并且连续饲喂几次以后再饲喂单纯的植物性饲料,反而会对植物性饲料产生抗拒。另一则报道也证实了兔的采食喜好与饲料的气味有关。20 世纪 80 年代初,有人为了预防球虫病而在兔饲料中添加 1%的海带,无论将海带采用怎样的加工处理,兔子均拒绝采食,当加入一定的调味剂后解决了这一问题。

生产中为了提高毛兔的生产性能,单一植物性饲料营养价值偏低不能满足要求,而动物性饲料往往具有蛋白含量高、氨基酸平衡、营养全面的特点,因此成为兔饲料配合中常用的原料。了解了毛兔这一采食特性,就应当注意要解决以下问题:开发廉价动物性饲料;应用动物性饲料应注意适口性问题,即脱腥技术、调味技术;添加比例,由于毛兔胃肠道的结构、功能更适合消化植物性饲料,因此在添加动物性饲料时,应当有一个适应过程,适宜的添加量应当在实践中反复探索;保证动物性饲料的品质。

3. 择食性　毛兔对不同的植物性饲料的喜欢程度也是不同的,观察发现毛兔喜欢吃豆科、十字花科、菊科等多汁多叶饲料,而不喜欢吃禾本科、直叶脉的植物。同一株植物喜欢采食幼嫩部分,不喜欢吃粗劣的茎秆;喜欢植物的幼苗期,而不喜欢枯黄期。

从饲料形状上来看,毛兔喜欢吃颗粒料。有研究报道,在饲料配方相同的情况下,饲喂颗粒饲料兔的生长速度快、发病率和饲料浪费均降低。这是因为颗粒饲料在加工制作过程中经历了高温、高压处理,改变了淀粉、蛋白质的结构,从而更有利于酶的消化。

不同味道的饲料中,毛兔更喜欢采食甜味饲料。国外的商品

饲料中往往添加 2% ~ 3% 的糖蜜。也有的商品饲料中添加 0.02%~0.03%的糖精来提高适口性。在国内有大量的糖厂下脚料可以作为廉价饲料资源进行利用。

毛兔喜欢采食含有植物油脂的饲料,植物油除了具有一定的芳香以外,还含有必需脂肪酸,有助于脂溶性维生素的补充和吸收。国外家兔生产中,一般在配合饲料中补加 2%~5%的玉米油,以改善日粮的适口性。我国商品兔饲料普遍存在的问题是能量水平偏低,添加植物油既能解决适口性问题,又能满足家兔的能量需求。只是植物油的价格普遍偏高,开发廉价植物油以降低生产成本,是该技术能够在商品兔饲料中推广应用的前提。

4. 嗅食性　毛兔的嗅觉灵敏,对饲料的辨认和定位很大程度上依赖于嗅觉。边采食边嗅闻是我们在毛兔生产中经常见到的一种现象,毛兔通过嗅闻行为辨别饲料的优劣,决定其采食与否。但是这种嗅闻行为又容易吸入饲料中的粉尘,诱发毛兔粉尘性鼻炎。因此,家兔不喜欢采食粉状饲料。

5. 啃食性　毛兔由于门齿的终身生长,必须借助啃咬硬物达到磨损牙齿的作用。另外,兔还借助门齿的啃咬来切断食物如牧草、块根块茎,将食物摄入口中。但生产中也会有一些异食现象,互相啃毛、啃咬墙皮、啃脚等,这些一般为营养代谢病。

6. 扒食性　毛兔具有发达的前肢并长有 5 爪,是获得饲料的有利辅助工具。野生状态下,兔能够通过前爪的扒挖,翻出埋在地下或雪地的食物,也能通过前爪的扒挖营造洞穴。同时,这种扒挖行为也是兔维持前爪适宜长度的必要手段。但是在笼养条件下,毛兔丧失了这种扒挖的自由,脚爪的不断增长,影响其行走,严重的还会诱发脚皮炎。为了满足自身的扒挖行为,毛兔就会表现出乱扒笼具、采食时扒食饲料的现象,这种扒食现象是导致兔场饲料浪费和污染的重要原因。

除了受天性制约以外,兔的扒食行为还受到多重因素的影响。

笔者总结为以下几点：饲料适口性差，尤其是带有霉味或异味的，毛兔往往通过扒食表示对饲料的厌恶；饲料配合不均匀，毛兔通过扒食寻找自己爱吃的食物；母乳妊娠反应，由于体内激素异常导致母兔情绪波动，而出现厌食和性情急躁，多见于妊娠中期母兔；扒食癖，不管哪种原因诱发的扒食，一旦通过扒食得到好处，兔就有可能形成习惯，采食之前，先进行扒刨。

发现扒食现象，不及时矫正、制止，必然会对生产造成很大的浪费。常用的矫正措施有：一是采取饥饿法；二是通过限制行动法（饲槽放在笼门外侧，在笼门留有一个仅仅能伸出头部进行采食的口，限制其前肢伸出）；三是在饲槽的内侧（靠近兔子的一侧）将槽口向内卷 0.8 厘米左右，阻挡外扒饲料。

7. **食粪性** 毛兔的食粪性是指毛兔有采食自己粪便的习性。与其他动物的食粪癖不同，毛兔的食粪性是其一种正常的生理行为，是其本能的一种表现。兔的食粪性最早由莫洛特于 1882 年报道，随后又进行过一些研究，但直到今天仍然没有彻底搞清这一现象。

家兔一般排出两种粪便，即软粪和硬粪。硬粪即我们日常生产中所见到的兔粪，较干燥、表面粗糙、量大，依草料种类不同而呈现深、浅不同的褐色；软粪，多呈念珠状，多少不一，呈绿豆大小，质地柔软，表面细腻，如涂油状，通常呈浅黑色，内容物半流体状。由于软粪多在晚上排出，并且家兔在排软粪的同时便用嘴将其接食，所以在正常情况下，往往观察不到。家兔的食粪行为在开始吃饲料时便已经形成，而无菌兔、摘除盲肠的兔没有食粪性。

通常认为，兔仅仅采食自己的软粪而对硬粪不进行采食，但现在研究发现，家兔既吃软粪，又吃硬粪。夜间吃软粪，白天吃硬粪。

关于兔粪的形成机制，目前尚无统一的说法，比较受认可的说法有两种。一是吸收学说，由德国学者吉姆博拉于 1973 年提出，他的观点是软粪和硬粪都是由盲肠内容物形成的，内容物通过盲肠的速度不同导致了软粪和硬粪的出现，如果内容物通过盲肠的速度快，食糜成分未发生太大变化，则形成软粪；反之，通过盲肠的速度慢，内容物的水分、营养物质被吸收，则形成硬粪。另一种是分离学说，由英国人林格于 1974 年提出。他认为软粪的形成是由于大结肠的逆蠕动和选择作用，在肠道中分布着许多食糜微粒，这些食糜微粒粗细不一，粗的食糜微粒由于大结肠的正蠕动和选择作用，进入小结肠，形成硬粪；而细的食糜微粒由于大结肠的逆蠕动和选择作用，返回盲肠，继续发酵，形成软粪。目前来看，这两种说法均难以完全解释软粪的形成和排出机制，软粪的形成仍然是一个有待研究的谜题。

家兔食粪行为的生理意义：

①补充营养　研究表明，软粪的成分几乎与盲肠内容物相等（表 6-1 至表 6-3），具有远高于硬粪的营养价值。软粪中含有大量的菌体蛋白，同时软粪中的微生物还能合成 B 族维生素和维生素 K，而这些物质均能通过兔的食粪习性，被小肠所吸收。据统计，家兔每日通过采食软粪可以多获得 2 克蛋白质，相当于自身需要量的 10%。与不采食软粪相比，多获得 83%的烟酸、100%的核黄素、165%的泛酸和 42%的维生素 B_{12}。通过采食软粪还能实现对饲料中营养物质的二次消化，因此也把家兔的这种食粪行为称为“假反刍”。

表 6-1　硬粪和软粪主要营养含量比较　（%）

粪　别	能量 兆焦/千克	干物质	粗蛋 白质	粗脂肪	粗纤维	灰　分	无氮 浸出物
硬　粪	16.0	92.8	12.8	1.1	36.3	15.3	26.5
软　粪	19.0	38.6	34.0	5.3	17.8	15.0	27.7

表 6-2　硬粪和软粪干物质中主要矿物质含量　（%）

粪　别	钙	磷	硫	钾	钠
硬　粪	1.01	0.88	0.32	0.56	0.12
软　粪	0.61	1.40	0.49	1.49	0.54

表 6-3　硬粪和软粪干物质中 B 族维生素含量　（微克/克）

粪　别	烟　酸	核黄素	泛　酸	维生素 B_{12}
硬　粪	39.7	9.4	8.4	0.9
软　粪	139.1	30.2	51.6	2.9

②延长饲料在消化道内通过时间，提高了饲料的消化吸收率　试验表明，对家兔饲料进行染色标记，早晨 8 时随饲料摄入，食粪的情况下经过 7.3 小时排出，而下午 4 时摄入的饲料，则经 13.6 小时排出；禁止食粪的家兔，上述指标分别为 6.6 小时和 10.8 小时。另外，食粪与否对家兔的消化率也有显著影响，在两种情况下，营养物质的总消化率分别为 64.6%和 59.5%。

③消除饥饿、延长生命　在饲喂不足的情况下，家兔可以借助采食粪便，满足饱腹感。这一特点对于野生条件下的兔意义更为重大。正常情况下，禁止兔食粪 30 天，其消化器官的容积和重量均会减少。

④维持消化系统正常微生态环境　由于软粪中含有大量来自于盲肠的微生物，因此家兔通过采食软粪，就相当于重新补充了盲肠微生物的数量，能够维护盲肠微生物正常菌群的平衡，有利于预防消化道疾病的出现。

了解毛兔这一特殊生理现象后，就应该在日常管理中正视其食粪行为。当发现毛兔食粪时，不能横加干涉，否则将会影响毛兔的消化功能，不仅影响生产，还可能导致一系列消化紊乱性疾病。

（二）毛兔的消化特点

1. 消化器官的结构特点

（1）口腔结构　上唇中央有一裂缝，形成豁嘴，呈三瓣形，使门齿露在外面，便于采集地面上矮小的植物和啃咬树皮等，这是其他家畜所没有的。家兔的门齿发达，上门齿有两排，前一排为大门齿，后一排为小门齿。门齿呈凿形，便于切断食物。臼齿中间有一横脊，有利于对食物进行研磨。兔有 4 对唾液腺：颌下腺、舌下腺、腮腺和眶下腺。其中，眶下腺是其他动物所没有的。

（2）胃　毛兔的胃为单室性腺胃，能够分泌胃液，有较强的消化能力。贲门处有一单向性阀门——贲门窦，使食物只进不出，因此兔无呕吐现象。

（3）肠　道

①盲肠发达　毛兔的盲肠在其消化器官中占的比例高达 42%。据测量，兔的盲肠平均长 47 厘米，为体长的 1.1 倍，最粗处的平均直径为 11 厘米，在所有的家畜中兔的盲肠比例最大。

②回肠　兔的回肠管壁较薄、肠内容物显露、具有很强的通透性，特别是幼兔的通透性更为明显。因此，幼兔在出现消化道炎症时，炎症产生的毒素会很快渗透到血液内，引发中毒症状，严重者导致死亡。

③圆小囊和蚓突　圆小囊位于回肠和盲肠的交接部位，蚓突位于盲肠的末端。两个部位均具有肌肉发达、壁厚的特征。该部位含有丰富的淋巴组织，是毛兔的重要免疫器官。此外，圆小囊和蚓突均能分泌碱性溶液，中和微生物发酵产生的过量有机酸，起防护作用。圆小囊还具有机械压榨食物、帮助消化吸收终端产物的作用。

2. 毛兔对饲料中主要营养物质的消化特点

（1）毛兔对饲料中能量的消化利用　毛兔对饲料中能量的利

用率受到饲料中粗纤维水平的影响。一般而言,饲料中粗纤维水平越高,能量的利用效率越低。与单胃草食动物马相比,兔对能量的利用效率比较低。研究表明,马对配合饲料、苜蓿干草粉和全株玉米颗粒饲料的能量利用率分别为67.4%、56.9%和79.9%,而兔分别为62%、51.8%和49.3%。

(2)毛兔对饲料中蛋白质的消化利用 兔能充分利用饲料中的蛋白质,尤其是对低质量、高纤维的粗饲料中的蛋白质利用效率明显高于其他家畜。例如,兔对苜蓿草粉中的蛋白质消化率为75%,马为74%,猪低于50%;而以全株玉米制成的颗粒饲料进行试验时,兔对其粗纤维的消化率高达80.2%,马只有52%。造成这一现象的原因主要是由兔独特的消化生理特点决定的。与马等单胃草食动物相比,兔不仅有发达的盲肠并且还有吞食软粪这一"假反刍"现象。与牛等反刍草食动物相比,兔的蛋白酶来源更多,不仅有盲肠微生物产生的蛋白酶,还有盲肠自身产生的蛋白酶,而牛瘤胃的蛋白酶仅来自于微生物。H. P. S. Markkar 等 1987年发现,兔盲肠蛋白酶活性远远高于牛的瘤胃。

(3)毛兔对饲料脂肪的消化利用 毛兔喜欢采食脂肪含量高的饲料,其对各种饲料中粗脂肪的消化率远高于马,并且毛兔对饲料中的脂肪有很大的耐受性。有报道认为毛兔可以采食脂肪含量高达20%的饲料,但生产当中并不是脂肪含量越高越好。据报道,若饲料中脂肪含量在10%以内,其采食量随脂肪含量增加而提高;若超过10%,采食量随日粮脂肪含量增加而下降。因此,毛兔不适宜喂脂肪含量过高的饲料。

毛兔对脂肪的消化利用能力还受到脂肪来源的影响。这主要是由于不同的脂肪来源其脂肪的分子结构和化学键存在差异。一般而言,毛兔日粮中脂肪饱和度和脂肪消化率是一种负相关关系,饱和脂肪如牛油、猪油比不饱和脂肪如葵花油、豆油的消化率低。

(4)毛兔对粗纤维的消化利用 毛兔是草食性动物,但是其对粗纤维的消化率并不高。研究表明,兔对饲料中粗纤维的消化率为14%,牛为44%,马为41%,猪为22%,豚鼠为33%。由此可见,兔对粗纤维的消化利用能力是我们常见哺乳动物中最低的。这主要是因为纤维性饲料在兔消化道中排空速度快造成的。但这并不是毛兔利用粗饲料的弱点,在粗饲料快速通过毛兔消化道的同时,饲料中的非纤维部分特别是蛋白质,则被迅速消化吸收。所以,在利用低质高纤维粗饲料方面的能力毛兔高于反刍动物。试验证明,家兔对粗纤维的利用率虽然较低,但同时却能利用苜蓿草粉中非纤维部分的75%~80%。

毛兔对粗纤维的消化主要是在盲肠内,通过盲肠微生物进行。粗纤维的消化利用情况主要取决于盲肠内微生物的活性、消化物在盲肠内的存留时间和纤维的化学组成。盲肠中可分泌能水解粗纤维的酶的微生物越多、饲料在消化道内存留的时间越长,则粗纤维的利用率也就越高。粗纤维的利用率还受到自身结构组成的影响,据测定毛兔盲肠对粗纤维的消化率为7%~19%,其中中性洗涤纤维为5%~43%,非结构性多糖为0~17%,每增加1个单位的粗纤维会导致干物质消化率下降1.2%~1.5%。细胞壁成分是影响盲肠微生物对中性洗涤纤维降解率的主要因素。木质素和角质几乎不被降解,纤维素和半纤维素可以降解,但降解前需要相应的细菌与细胞壁结合,因此消化率与木质素的含量呈负相关。而果胶、戊聚糖、半乳聚糖比较容易发酵。

毛兔虽然不能有效地利用粗纤维,但饲料中的纤维物质是兔日粮中必不可少的。有研究表明,配合饲料中粗纤维低于6%~8%,就会发生腹泻。由此可见,粗纤维具有维持兔消化道正常生理活动和防止肠炎的作用。

三、不同生理阶段毛兔的饲养管理

(一)仔兔的饲养与管理

仔兔阶段是指从出生至断奶这一阶段,可以看作是兔由胎儿期转为独立生活的一个过渡阶段。这一时期兔面临几个比较大的应激条件:胎儿时期在母体子宫发育,温度恒定,出生后仔兔处于变化的外界温度当中,容易受到温度变化的影响;从营养来源来看,胎儿时期的营养、气体来自于脐带输送的母体血液,而出生后仔兔需要通过自身采食、呼吸来满足这一需要;胎儿时期母兔的子宫内几乎是无菌状态,出生后则面临着遭受各种病原微生物侵袭的威胁。同时,仔兔有其脆弱的生理特点:仔兔刚刚脱离母兔,各项功能发育不完善,调节能力差,尤其是对温度的适应方面。有研究表明,仔兔在出生后 10 天才能保持体温恒定,因而炎热夏季容易中暑,冬季则容易发生冻死、冻伤。初生仔兔最适的环境温度为 30℃~32℃;仔兔的视觉、听觉发育差。刚刚出生的仔兔双眼闭合,耳孔封闭,没有活动能力。在发育正常的情况下,出生后 8 天耳孔张开,11~12 天眼睛张开;新陈代谢旺盛,发育速度快。初生仔兔的体重一般在 45~65 克,在正常情况下,出生后 1 周的仔兔体重比出生时增加 1 倍,10 天增加 2 倍,30 天增加 10 倍,即在整个仔兔期,仔兔体重一直处于迅速增加阶段。因此,仔兔的饲养管理工作应当做到细致、认真,切实抓好每个细微环节,采取有效措施,为仔兔正常生长发育提供良好条件。

按照仔兔的生长发育特点,可将仔兔期分为睡眠期、开眼期和追乳期 3 个阶段。

1. 睡眠期仔兔的饲养管理 睡眠期指仔兔出生至开眼这段时间,即从 1 日龄到 12 日龄这一时期。在饲养管理上重点要做好

以下几点：

（1）早吃奶，吃足奶 兔的抗体传递是在胚胎期间通过胎盘实现的。因此，初乳对兔来说没有猪、马和反刍动物那样重要。但也应保证仔兔尽早吃上奶，这是因为初乳与常乳相比营养更为丰富。仔兔尽早吃到初乳具有多方面的好处：初乳浓稠，可以附着在仔兔的胃肠壁上，阻隔细菌而禁止其进入血液，提高仔兔对细菌的抵抗力；初乳含有溶菌酶、抗体，并且初乳的酸度较高，能抑制、杀死多种病菌，不利于病原菌的繁衍；初乳中的镁盐可以促进胎粪的排出；初乳丰富的营养，能够促进仔兔生长发育、体质强壮、生命力强。

因此，在仔兔出生后6~10小时，须检查母兔哺乳情况。检查仔兔是否吃饱奶，是仔兔饲养管理上的基本工作，必须抓紧、抓好。仔兔是否吃饱奶的鉴别：哺乳充足的仔兔安睡不动，腹部圆胀，肤色红润，被毛光亮；饿奶时，皮肤皱缩，腹部不胀，到处乱爬，肤色发暗，被毛枯燥无光。如用手触摸，仔兔头向上窜，“吱吱”嘶叫。如检查中发现仔兔有吃不饱现象，应查明原因，及时采取措施。一般常见的原因包括：母兔的母性差；母兔分娩数量过多，部分仔兔不能吃饱；母兔无乳、死亡或患有乳房疾病。处理措施：

①人工辅助哺乳 提起母兔，拔掉其腹部的毛，用温热毛巾按摩乳房，然后将母兔固定在产仔箱内，使其保持安静。将仔兔分别放置在母兔的每个乳头旁，使其嘴顶母兔乳头，自由吮乳，每日强制哺乳1~2次，连续进行3~5日，母兔便可学会自己喂乳。

②寄养 母兔产仔数过多的，可将多余的仔兔调整给产期接近（先后不超过1~2天）产仔数少的母兔寄养。为避免寄母咬养仔，可先将两窝仔兔混放在一起，使仔兔气味一致后再行哺乳。也可以在寄母的鼻端涂抹大蒜、碘酊使其不能嗅闻出自己后代和养仔的区别，也有人提出在待寄养仔兔身上涂抹寄母的尿液，该方法卫生性差，不宜采用。

在毛兔市场行情较好的时期，为了抓住好行情，最大限度提高毛兔养殖效益，许多兔场采用毛兔产仔、肉兔哺乳的形式，以提高优质母兔的繁殖率和仔兔的成活率。其具体方法是：在饲养毛用种母兔的同时，饲养一部分肉用种母兔，采用同期发情技术，使其同时配种、集中分娩。对于产毛性能、繁殖性能优良、体况良好的种母兔，采取频密繁殖或半频密繁殖，待其分娩后，每只兔自留哺乳仔兔3~4只，其余的仔兔转让给分娩时间相近的肉用母兔代哺乳，或者将所有仔兔都转让给分娩时间相近的肉用母兔代哺乳。对肉用母兔所产仔兔，可全部淘汰。

③人工哺乳　当仔兔出生后由于某种意外原因母兔死亡又无适宜的寄养母兔时，可以采用这种方法。即使用牛奶、炼乳、奶粉等配制人工乳，配制过程中应当注意浓度不宜过高，以免消化不良，以用鲜奶配制为例：一般最初可加入1~1.5倍的水，1周后加入1/3的水，15天可喂全奶。每日喂给1~2次；适宜的温度，37℃~38℃；严格消毒，人工乳配制完成，为了防止仔兔病从口入，对人工乳应当进行煮沸消毒。饲喂时还应当注意，喂时要有耐心，在仔兔吮吸的同时要轻轻压橡皮乳头或塑料瓶体。不要滴入太急，以免误入气管呛死。不要喂得过多，以吃饱为度。

（2）促进整窝仔兔发育均匀　毛兔一般有4对乳头，每胎产仔有多有少，胎儿初生重差异也很大，如果任其自然哺乳，往往会导致抢奶。这样初生时体重较小的始终处于竞争劣势，必然在生长发育中越来越差，造成兔群的两极分化，不利于养兔生产。因此，生产中应当根据实际情况，采取人为干涉的手段，来保证全窝仔兔的均衡发育。

①寄养　见前述。

②“一分为二”哺乳法　当母兔产仔数多、乳头数量不能一次性满足所有仔兔采食位置时，就会导致仔兔在采食时争抢，发育不整齐。如果同时又找不到合适的代养母兔，就可以采取“一分为

二”哺乳法。即将仔兔按强弱、大小分成两部分，分别安置在两个产箱内，每日于早上6时和下午6时对两窝仔兔分别喂奶，因为在自然条件下母兔多在凌晨喂奶，此时泌乳量大，因而早上喂奶应当让两窝仔兔中发育较差的吃。采用这种饲养方法，还应注意对母兔加强营养，特别是青绿饲料、多汁饲料、精饲料等有促乳作用的饲料要充足。同时，为了减轻母兔过高的营养负担，对仔兔也应当尽早地补食饲料。

③喂偏食　即每次喂奶时先让弱小的仔兔吃，然后再把强壮的仔兔拿过来一起吃；也可以每日让弱仔兔吃两次奶，而强壮的仔兔吃一次奶。由于采用这种方法，弱仔兔吮食的乳汁比强仔兔多，因此一般情况下，经过7~10天，弱仔兔即可达到强仔兔的体重，此后即可终止喂偏食的方法。

④主动弃仔　母兔产仔数多，并且母兔泌乳能力差，也没有合适的代养母兔，此时可以将几只弱小的仔兔遗弃，而只保留强壮的仔兔。这样，能够使有限的乳汁满足强壮仔兔的发育，提高其成活率。

(3)保暖防冻　刚刚出生的仔兔，全身裸露无毛，大脑皮质发育不完全，体温调节功能差，环境温度过高或过低均会对仔兔产生很大的危害，特别是低温会严重地威胁到仔兔的生存。因此，一定要做好仔兔的保温工作，一方面可以设立仔兔培育室；另一方面可以在产箱内多铺一些保温性强、吸湿性好的垫料，并铺垫成中间低、四周高的形状，以便仔兔容易集中，互相取暖。

夏季蚊虫较多，为了防止仔兔被蚊虫叮咬，要将产箱放置在安全处，外面罩上纱窗。清理产箱内过多的垫料、兔毛，加强通风、降温。

(4)防止仔兔窒息或残疾　长毛兔的被毛长而有弹性，一旦缠住仔兔的脖颈、四肢很难挣断，在仔兔的挣扎过程中还可能越缠越紧，导致仔兔窒息死亡或由于血液周流不畅出现腿部残疾。因此，营巢用毛，要及时清理、收集起来，改用标准毛兔的被毛或其他保温材料垫窝。标准毛蓬松、保温，又不会缠结。

(5)防吊乳 吊乳是在养殖当中经常见到的现象，也是造成仔兔早期死亡的主要原因。它是指母兔在哺乳时突然跳出产箱并将仔兔带出的现象，称为吊乳(图 6-1)。由于此时期的仔兔活动能力差，一旦被母兔带出，掉落地面就不再有返回产箱的能力，而产箱外的温度远低于仔兔的温度要求，从而导致仔兔冻死。母兔泌乳不足、泌乳过程中母兔受到惊吓是导致吊乳发生的主要原因。

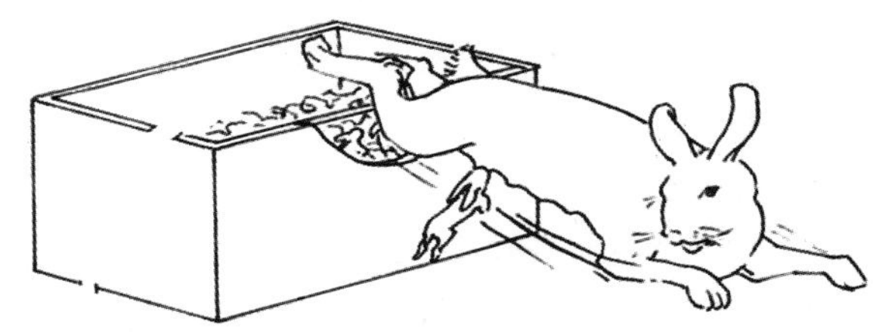

图 6-1 吊 乳

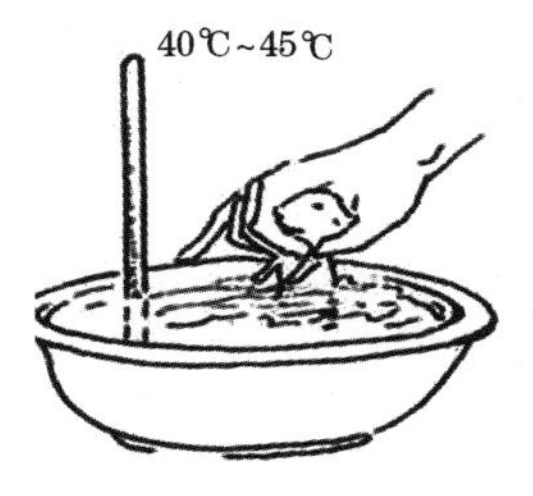

图 6-2 冻僵仔兔的急救

受冻仔兔的救助方法：被吊出的仔兔已受冰发凉，则应尽快为其取暖。可将仔兔捏在人手中或放入人怀里取暖，也可将仔兔身躯浸入 40℃ 温水中(露出口、鼻呼吸)(图 6-2)。

被吊出的仔兔已出现窒息而还有一定温度时，可尽快进行人工呼吸。人工呼吸的方法是，将仔兔放在人手掌上，头向指尖，腹部朝上，约 3 秒钟时间屈伸 1 次手指，重复 6~7 次后，仔兔就有可能恢复呼吸，此时将其头部略放低，仔兔就能有节律地自行深呼吸。

2. 开眼期仔兔的饲养管理　从仔兔的开眼到20日龄这段时间称为开眼期(12~20日龄)。仔兔的开眼时间一般在9~12天。开眼时间的早晚与仔兔发育好坏及健康状况有关，发育良好开眼时间就早，反之就晚。仔兔一旦睁开眼睛后，就表现得十分活跃。数日之后就会跳出产箱，称为出巢。

开眼期仔兔的管理比较简单，主要有以下3个方面：

第一，帮助仔兔开眼。个别仔兔发育较慢，在达到开眼期后，迟迟不能开眼，此时可以考虑人工辅助开眼。具体方法是，用眼药水洗眼睑，如用2%~3%硼酸溶液将眼眵浸软，然后轻轻擦掉即可，切不可强行将上、下眼睑撕开，以免损伤仔兔的眼球。

第二，经常检查产箱，补充更换垫草。

第三，淘汰大窝仔兔中的部分发育落伍者。大窝仔兔中有一部分发育缓慢、体质弱小的仔兔，应及时将其淘汰，以利于其他仔兔的生长发育。

3. 追乳期的饲养管理　此时母兔的泌乳正处于由高到低的下降阶段，而仔兔随着生长发育身体长大，同时活动能力增强也导致营养需求增加，因而母兔的泌乳量越来越不能满足仔兔的需要。仔兔常常表现出饥饿，紧紧追随母兔吮乳，因此称为追乳期。一般是指21日龄至断奶。这种追乳现象严重影响母兔的采食和休息，延误母兔体况的恢复。为了保证仔兔的良好发育及母兔健康体况，这个时期的饲养管理重点应放在仔兔的补料和断奶上。

(1)及时补饲　毛用兔的补饲时间以18日龄开始为宜。常用的补料方法有两种：一种是提高母兔的饲料量或质量，增加饲槽；另一种是补给仔兔优质饲料，并在饲料中拌入矿物质和维生素或洋葱、大蒜、橘叶等消炎、杀菌、健胃等物质，以增强体质，减少疾病发生。采用第二种形式时，应当注意防止母兔偷食仔兔料。因此，在补饲时应当将母子分离，即在兔笼中间放置一栅栏隔板，隔板的空隙使仔兔能够通过,而母兔不能随意穿越,将母兔料放在母兔一侧,仔兔料放在另一侧。为了防止仔兔贪食,在喂料时要少喂多餐,一般每日应喂 5~6 次。

(2)做好仔兔的断奶工作 根据目前的养兔实际情况来看,仔兔的断奶应以 35 日龄左右为宜。在此日龄时长毛兔可达 900 克左右,并且已能独立生活,即可断奶。

毛兔的断奶应当遵循采用移母留仔的原则。具体操作可以根据仔兔的发育情况不同,灵活选择一次断奶法或是分期分批断奶。

断奶的同时要对仔兔编号,打上耳号或耳标,并进行登记。

(3)防止疾病 仔兔阶段常发的疾病包括:黄尿病、脓毒败血症、大肠杆菌病和支气管败血波氏杆菌病。其中,最为常见的是黄尿病,这是由于仔兔吮食了患有乳房炎母兔的乳汁而导致的。发病时仔兔粪便稀薄如水、黄色、腥臭,病兔全身发软、昏睡,常常导致仔兔全窝死亡。预防乳房炎是控制本病的基本措施。对于发病兔群应当及时采取措施处理。母兔肌内注射青霉素。仔兔可以口服庆大霉素 3~5 滴,2~3 次/日。

保持兔舍清洁卫生,加强通风有助于预防大肠杆菌、支气管败血波氏杆菌病的发生。对母兔进行大肠杆菌、波氏杆菌和葡萄球菌疫苗注射,也可以有效地防止仔兔感染以上疾病。大肠杆菌、波氏杆菌疫苗也可对仔兔直接注射,免疫效果良好。

(二)幼兔的饲养与管理

幼兔是指从断奶至 3 月龄的兔,此阶段是毛兔一生中最难饲养的阶段,特别是在断奶以后 15 天以内。这主要是由幼兔断奶后所面临的应激条件和自身的生理特点决定的。

应激条件:心理应激,仔兔阶段是跟随母兔共同生活,进入幼兔阶段,脱离母体单独生活,幼兔在心理上难以适应;环境应激,有些兔场,养殖户在完成仔兔断奶后,马上把幼兔转入新的兔笼、兔舍,陌生的环境使幼兔无所适从,难以适应;食物应激,断奶之前仔兔主要是以液态的母乳作为食物来源,营养水平高且均衡,容易吸收,断奶以后幼兔的营养来源则通过采食固态的饲料来进行补充,这对于刚刚进行胃肠道发育的幼兔来说,难以适应。所有以上应激因素都会导致幼兔抵抗力降低,生存能力变差。

从幼兔自身生理特点来看:幼兔生长速度快、贪吃,但胃肠体积小、消化能力差,容易出现消化不良;断奶后的幼兔神经系统发育不健全,调节能力差,对环境适应能力差,容易受到惊吓。

综合这两方面的特点,幼兔的饲养管理更应该做到精心细致。

1. **优质饲料、合理饲养**　幼兔正处于快速生长发育阶段,因而在饲料配合上应当注意供给适宜的营养,并且饲料的适口性、消化率要好,但是高能量、高蛋白的饲料又会给幼兔带来健康隐患。因此,幼兔日粮中必须含有高水平的粗纤维(不低于 14%),其中应当含有 5%的木质素。由于幼兔消化功能较差,因此在幼兔饲粮中还可以针对性地添加一些助消化的添加剂和预防腹泻的药物,如复合酶、益生元、大黄苏打片等。

饲料配合合理的前提下还应当注意幼兔的饲喂方法。实践证明,定时、定量、定质的饲养方法可以提高幼兔的成活率,所以在饲喂时要做到定时定量,每日饲喂 4~5 次,饲喂时间要固定,而且投喂量要一致,不能忽多忽少。

2. **过好断奶关**　幼兔断奶以后,不能急于转移幼兔的生活场所,应当做到"三不变",即饲料、环境、管理延续断奶前的方法。当幼兔适应一段时间以后,再依据幼兔的大小、强弱、性别分笼或分群。每笼 3~5 只。

3. **注意环境控制**　幼兔阶段各项功能不完善,容易受到外界环境的影响,因此在这一时期,严格控制环境条件,力争为幼兔提供最佳生存环境,是提高幼兔成活率及生长性能的必要保证。

4. **剪好胎毛**　2 月龄左右的幼兔要进行第一次剪毛,通过剪毛刺激可以促进幼兔新陈代谢,促进生长发育。但是体质弱小的应适当推迟剪毛时间,并且不能采取拔毛的方法,因为此时期幼兔的皮肤细嫩,拔毛会损伤兔的皮肤,也会影响到毛的密度和生长速度。剪完毛的幼兔一定要注意加强护理,精心饲养。

5. 做好疾病预防工作 重点是预防兔瘟、球虫病、巴氏杆菌病、魏氏梭菌病和大肠杆菌病。生产中应当坚持消毒、免疫注射、用药相结合的方针。如在仔兔补饲时,在饲料中加入氯苯胍(0.3克/千克),连用45天,停药15天后,再加入其他抗球虫药物(地克珠利)可预防球虫病。制定适合自己兔场的免疫程序,断奶后的幼兔35日龄开始注射疫苗。同时,应搞好清洁卫生,保持兔舍通风、干燥。

(三)青年兔的饲养管理

长毛兔在3月龄以后逐步达到性成熟,从性成熟到初配这一阶段称为青年兔。青年兔的各生理系统已经得到充分发育,各项功能均比较完善,因此青年兔具有抗病力强、死亡率低的特点,是长毛兔一生中最容易饲养的阶段。

1. 饲养要点 青年兔的饲料应以青粗饲料为主、精饲料为辅,每日每只应保证500~600克青粗饲料,配合精饲料50~70克。

2. 管理要点

(1)及时分笼 毛兔超过3月龄就会逐渐达到性成熟,合群饲养的话就可能导致过早繁殖、互相咬斗。为了防止早配、乱配,减少因打斗而导致兔毛产量、质量的下降,应当对毛兔进行单笼饲养。

(2)加强训练种公兔 实践表明,提早训练的种公兔,能够提高其性欲,增强配种能力。所以,准备留作种用的公兔,应当在6月龄开始其配种训练,一般每周安排其交配1次。

(四)生产兔的饲养管理

1. 饲养要点　长毛兔的主要生产用途就是提供量大质优的兔毛。据测定,兔毛的蛋白质含量高达93%,其中含硫氨基酸在15%左右,并且优良长毛兔的兔毛生长速度非常快,每日0.7~0.8毫米。因此,蛋白质及含硫氨基酸水平是严重影响兔毛产量和质量的因素。一般长毛兔日粮粗蛋白质含量应达到17%~18%,含硫氨基酸量为0.6%~0.8%。

长毛兔的饲养一般采用定时定量的方法,但是具体的饲喂情况应当根据实际情况而定。一般而言,长毛兔的兔毛生长规律为:采毛后第一个月被毛生长速度最快,随着蓄毛期的延长,被毛生长速度会变慢。根据这一规律采毛后的第一个月,每兔(成年)每日喂给190~210克干饲料,第二个月喂170~180克,第三个月喂140~150克。

2. 管理要点

(1)注意年龄构成　生产实践表明,长毛兔在3周岁以前兔毛的生长速度随年龄的增长而增长,3周岁以后兔毛的生长速度会逐渐减缓。为了保证兔毛的高产、高质,应当及时淘汰年龄超过3周岁的毛兔,建立以壮年为主的长毛兔生产兔群。

(2)防暑降温　长毛兔周身覆盖着很厚的毛,比较怕热,夏季应加强兔舍通风,盛夏来临之前要将全身的被毛剪光,以利防暑。长毛兔不适宜在潮湿的环境中生活,故在对兔舍进行洒水降温时要适度,不能使兔舍过于潮湿。

(3)定期梳毛　梳毛是长毛兔生产中一项经常性的工作。通过定期梳毛可以有效防止兔毛缠结,还可以收集脱落的兔毛,因此对于提高兔毛的产量和质量以及控制兔舍的环境都是极为有利的。幼兔自断奶后即应开始梳毛,每隔10~15天梳理1次。成年兔在每次采毛后的第二个月即应梳毛,每10天左右梳理1次,直至下次采毛。换毛季节可隔天梳理1次,以防止兔毛飞舞。

(4)定期采毛 长毛兔第一次采毛一般在出生后2~3月龄即可进行。一般而言,长毛兔的养毛期为60~80天,每年剪毛5次。但具体的采毛间隔应当考虑季节、兔毛的市场行情。如秋、冬季节可以适当延长蓄毛期,春、夏季节可以适当缩短。常用的采毛方法有剪毛、拔毛和药物脱毛,其中,剪毛是主要手段,拔毛和药物脱毛为辅助手段。

①剪毛 剪毛前应先梳毛,并尽量拔出枪毛,以提高兔毛质量。剪毛时将兔子放在操作台上,左手固定耳朵,右手握剪,将兔毛沿背中线向左右分开,从臀部向前一行行地直剪到耳根部;背部的毛剪完后,提起兔双耳使其呈坐立姿势,剪左体侧毛,将剪刀口朝上,从左腋下开始,自腹部向背部一行行地横剪;剪到腰部时,再提起两耳,使兔站立,剪左侧臀部毛;接着使兔坐立,剪右体侧毛,将剪刀口朝下,从右腋下开始,自背部向腹部一行行地横剪,剪到腰部为止;然后将兔抱起,用左手托住大腿内侧,剪右臀部、尾部和两侧毛,剪刀口朝前,自右向左,一行行地横剪,然后剪尾毛;再提起兔耳,将头部抬高,剪前胸及两肩毛,此时将剪刀口放平,从颈下开始,自右向左,一行行地横剪,剪至两前足为止;再提住颈皮,使兔仰卧,剪腹部的毛,此时将剪刀口放平,从两腋下胸部开始,自右向左,剪至两后腿为止;最后剪头毛和耳毛。剪下的毛按长度、质量分别装入箱中,毛丝方向最好一致,每放一层加放一张油光纸,装满后放些樟脑粉,以防虫蛀。

剪毛注意事项:剪刀开口不能太大,要贴紧皮肤剪,留茬要短,防止二刀毛;剪毛时要将皮肤绷紧,不能用力拉毛,以免剪破皮肤;剪腹部毛时,应先将乳头周围的毛剪下,使乳头暴露,以免剪伤乳头;给公兔剪毛时,要注意别剪破睾丸和阴囊。

②拔毛 可分为拔长留短和拔光毛两种方法。

冬季和春、秋换毛季节宜采用拔长留短法,一般每30~40天拔毛1次，拔去长毛，留下短毛，不仅可以提高兔毛的品质，还可以起到防寒保暖的作用。拔毛时从背部开始，要顺毛方向拔取，用拇指和食指捏住兔毛，一绺一绺地轻轻拔下，一次不可拔取太多，以免拉伤皮肤。

晚春或夏季等较温暖的季节宜采用拔光毛的方法，除兔头和脚毛外，将全身被毛全部拔光。拔光毛可以提高兔毛的质量，新毛整齐、不缠结、不掉毛。第一次采毛的幼兔、妊娠期和哺乳期的母兔及配种期的公兔均不宜采用此法采毛。

2013年亚洲动物保护组织在我国毛兔主产区暗访，揭露了我国部分兔场野蛮拔毛的视频，极大地损害了我国在动物福利方面的良好形象，也极大地影响了我国兔毛的出口。

其实，拔毛是提高兔毛产量和质量的有效手段，适度的拔毛，并非带来兔子的痛苦。我们不难看到，兔子之间相互吃毛现象，被吃毛的兔子一动不动。为什么兔子被其他兔子吃毛而无动于衷？与一人服务一人的挠痒痒相似，它们感到舒服，是一种享受。但是，如果片面追求利益野蛮拔毛而对毛兔健康造成严重影响，是得不偿失的。理性采毛，提高动物福利水平，是我们所追求的。

③药物脱毛　20世纪80年代，我国曾使用环磷酰胺脱毛，后由于环磷酰胺的毒副作用，国家严禁用于毛兔的脱毛。近年来，国外发明了一种植物提取物脱毛，研究表明，其为含羞草类植物提取物。我国早有资料表明，含羞草碱之植物，马、驴等动物食之可致脱毛。含羞草碱可看作一种毒性氨基酸，结构与酪氨酸相似，其毒性作用是由于抑制了利用酪氨酸的酶系统，或代替了某些重要蛋白质中的酪氨酸的地位所致。饲料中含0.5%～1.0%的含羞草碱即可使大鼠或小鼠生长停滞、脱发、白内障。由于还没有对该种脱毛药物进行系统研究，其毒性有多大，对毛兔健康带来多大的影响，对产毛性能产生多大的影响，还需要深入研究。因此，建议对于这类药物脱毛方式要慎重采用。

毛兔采毛仍然以剪毛为主,开发性能优良的剪毛剪,提高设备的经久耐用性,不仅便于操作,而且提高效率。如果开发出自动剪毛设备,将会大大解放生产力,促进该产业的科技进步。

(五)种用毛兔的饲养管理

1. 种母兔的饲养与管理 生产中依据种用母兔的生理特点,我们将种用母兔分为空怀期、妊娠期和哺乳期3个阶段,每个阶段有其独特的生理需要,在饲养管理中应区别对待。

(1)空怀母兔的饲养管理 是指从仔兔断奶至重新配种妊娠的一段时期,也称为休养期。由于此时期的母兔经历了一个哺乳期,营养消耗比较大,为了便于下一个繁殖周期的配种、妊娠,此阶段的主要任务就是促使母兔体况快速恢复,饲养管理中的主要任务就是防止母兔过肥或过瘦。

对于体质过差的,应当适当增加精料喂量,青草比较丰盛的季节,加喂青绿饲料;冬季加喂块根、块茎饲料,促使膘情快速恢复。

可采用几种补饲法:即对于那些以粗饲料为主的兔群,选择在几个特定时期进行补饲:交配前1周(提高母兔的排卵数量)、交配后1周(减少胚胎早期死亡)、妊娠末期(保证胎儿快速增重的营养需要)、分娩后3周(泌乳高峰期,促进母兔乳汁分泌,保证仔兔快速发育),每日补饲50~100克精料。

过于肥胖的母兔则应适当减少精饲料,增加运动量。通常来说,限制肥胖的采食,是对其进行减膘的最佳手段。常用的限料形式包括:限量法,减少饲喂量或每日减少1次饲喂次数;限制饮水,据报道成年兔每日饮水时间限制在10分钟,采食颗粒饲料可降低25%;限质法,即在不控制饲喂量的情况下,降低饲料的营养水平,从而达到减少营养摄入的目的。

检查种用母兔的发情状况,对于长期不发情的母兔采取措施进行处理(详见第五章母兔的催情技术部分)。

管理当中为防止母兔出现“假孕”，应做到单笼饲养。保证母兔舍每日光照时间达到16小时，做好母兔舍的通风、环境卫生等日常管理。

(2)妊娠母兔的饲养管理　母兔自配种怀胎至分娩的这一时期称为妊娠期。这一时期母兔摄入的营养物质不仅要满足自身生理需要，还需要满足胎儿、乳腺的发育。如果此阶段营养不足往往会导致胎儿发育不良、弱胎、死胎数量增多。但在兔的整个妊娠期，胚胎的发育速度并不是匀速发育的，因此母兔饲养水平也应当取决于其所处的妊娠阶段。

①加强营养　总体来看，母兔在妊娠期应给予营养价值较高的饲料，其中富含蛋白质、维生素和矿物质，并逐渐增加饲喂量，直到临产前3天才减少精料喂量，但要多喂优质青饲料。

饲粮水平：在妊娠前期即妊娠前3周，由于此阶段胚胎增重较少，一般只占初生重的10%。因此，所需营养物质不多，维持空怀期的日粮水平和日粮结构即可。实践表明，在此时期如果采食过量、体况过肥，会导致母兔在分娩时死亡率提高，并且抑制泌乳早期的自由采食。

妊娠后期(21~31天)，据统计，仔兔初生重的90%是在此阶段完成的，因而母兔的营养需要也相应增加，饲养水平应为空怀母兔的1~1.5倍。但是由于胚胎的发育，会对母兔的消化器官产生挤压，此时期母兔往往表现出采食量的下降，因而可以适当提高饲料的营养水平，饲喂量按照空怀母兔的水平增加10%~20%。

保证饲料品质：新鲜、营养好、易消化、体积小。严禁饲喂霉、烂、毒、冻饲料。

②管理要点　要做好以下四项工作。

第一，做好妊娠检查。详见第五章相关内容。

第二，保胎防流产。母兔的流产，大都在妊娠15~20天发生。引发流产的原因很多，大致可分为机械性、营养性和疾病等流产。

为了避免生产中出现母兔的流产现象,在日常饲养管理中应尽量做到:不要无故捕捉妊娠母兔;保持舍内安静,避免惊扰;笼舍要保持清洁干燥,防止潮湿污秽;严禁喂给发霉变质饲料和有毒青草等;冬季应饮温水;摸胎时,动作要轻柔,不能粗暴;妊娠期特别是妊娠后期,应禁止采毛;不大量投药;不注射疫苗;不体外杀虫或治疗皮肤病。

第三,做好产前准备工作。产前 5 天,饲喂磺胺及苏打片,防乳房炎及黄尿病;产前 3~4 天消毒、清洗笼箱,加足垫草,防寒防暑;产前 2~3 天检胎、及时催产(对超过预产期或胎动减弱的母兔);产前 1~2 天,适当减少精饲料和增加供水量,保证奶水适量(防"乳结"或乳房炎)。

第四,做好产后护理。分娩完成后及时擦干仔兔,擦去口、鼻黏液;及时给予母兔温盐水、糖水、米汤(解渴、消疲、促乳)等补充体液、消除渴感;清理产箱,去除血毛污物,更换干净垫草。分娩后 3 天内,补鲜草(促泌乳、防腹泻和乳防炎),给母兔添加磺胺药物 0.5 克/只,可以有效预防乳防炎、阴道炎、脓肿、败血症等疾病。

(3)哺乳母兔的饲养管理 从分娩至仔兔断奶这段时期称为哺乳期。哺乳期是母兔一生中代谢能力最强、营养物质消耗最多的一个时期。与其他哺乳动物相比,兔乳中除了乳糖含量以外,其他营养物质如脂肪、蛋白质、灰分等的含量均高于其他动物(表 6-4)。这也就决定了哺乳母兔必须通过饲料摄入来弥补泌乳造成的营养流失。

母兔的泌乳存在一个由低到高、再由高到低的变化过程,母兔的泌乳规律一般为,在产后第一周泌乳量较低,2 周后泌乳量逐渐增加,3 周时达到高峰,4 周后泌乳量逐渐减少。因此,在饲养上应当将母兔的生理特点与泌乳规律相结合,在保证饲料易消化、营养丰富的前提下,给予其适宜的饲喂量。

表 6-4　毛兔及其他动物奶的成分及含量

种　类	水　分（%）	脂　肪（%）	蛋白质（%）	乳　糖（%）	灰　分（%）	能　量（兆焦/千克）
牛　奶	87.8	3.5	3.1	4.9	0.7	2.929
山羊奶	88.0	3.5	3.1	4.6	0.8	2.887
水牛奶	76.8	12.6	6.0	3.7	0.9	6.945
绵羊奶	78.2	10.4	6.8	3.7	0.9	6.276
马　奶	89.4	1.6	2.4	6.1	0.5	2.218
驴　奶	90.3	1.3	1.8	6.2	0.4	1.966
猪　奶	80.4	7.9	5.9	4.9	0.9	5.314
兔　奶	73.6	12.2	10.4	1.8	2.0	7.531

母兔分娩后前 3 天，仔兔采食量小，同时母兔消化器官在腹腔中正处于复位时期，消化功能差，母兔体质也较弱，因此饲喂量不宜太多。

从 3 天以后应当逐步增加母兔的采食量，除了保证颗粒饲料供应以外，还应供给充足的青绿多汁饲料，以促进母兔乳汁的分泌，到 18 天使母兔接近于自由采食。

在管理上：保持笼舍安静，给母兔提供适宜的栖息场所；实行母仔分养、定期哺乳的饲喂方法，观察发现采用这种饲养方法不仅能够为母兔提供良好的休息环境，还能够提高仔兔的成活率。但是应当注意并不是所有的母兔均适合采用这种方法，有些母兔护仔性很强，不能勉强采用此方法。在采用此方法时应特别注意，母兔与其对应的产箱不能搞混，否则就会出现母兔咬死、咬伤仔兔的现象，因此产箱一定要做好标记。分离开的仔兔在产箱内脱离了母兔的看护，必须做好防兽害、控环境等工作。

母兔在哺乳期间，体况很差，尽量不进行疫苗注射。

预防乳房炎，经常检查母兔的泌乳情况，仔细检查其乳房和乳头。乳房炎的发生多是由于管理不当导致的。常见的引发原因包括：母兔泌乳过盛，仔兔吃不完的乳汁在乳房中滞留；母兔产仔过多，没有采取寄养措施，导致仔兔咬破母兔乳头而发生细菌感染；兔笼中有带尖、带刺的物质，刺伤母兔乳头。除针对以上原因采取适当的措施以外，还应采取药物预防相结合的手段。产后 3 天内，每日喂给母兔复方新诺明、苏打各 1 片，具有良好的预防乳房炎效果。

2. 种公兔的饲养管理 种公兔的饲养管理，是由其特定的生产任务决定的。生产中种公兔的饲养目的就是为了满足配种繁殖需要。因此，对种公兔的饲养要求，即性欲旺盛、体质健壮、精液品质良好。为达到上述目标，合理的营养水平、饲喂方法、管理技术都是必不可少的。

（1）种公兔的饲养 种公兔的饲料营养应当做到全面适中、长期均衡。如果饲粮营养水平过低，就会导致“草腹兔”的发生，影响日后的配种。

种公兔的饲料应特别强调能量、蛋白质、维生素、矿物质的供应。能量水平过高会导致种公兔过于肥胖，性欲降低；能量过低，则会导致公兔过瘦，精液产生量少。因此，种公兔饲料的能量水平应当控制在 10.46 兆焦/千克。蛋白质水平会影响公兔的性欲、射精量和精液品质，因此种公兔的饲料中蛋白质不仅要保持在较高的水平上（17%），还应当添加鱼粉、蚕蛹粉等动物性蛋白质饲料。

维生素与种公兔的配种能力和精液品质密切相关，维生素不足，会导致种公兔性成熟时间推迟，生殖器官发育不良。研究表明，兔日粮中添加 2 325 国际单位的维生素 A 和 0.15 克的维生素 E，少量的维生素 B_1、维生素 B_2、维生素 B_6、维生素 C 和叶酸，精液的数量和精子的耐力均明显提高。

钙、磷也是公兔精液形成所必需的营养物质。缺钙时，精子发

育不全，活力低，公兔四肢无力，配种能力下降。

（2）种公兔的管理

①加强公兔选育　种公兔的选择应当自幼小时开始，选留生长速度快、品种特征明显、主要经济性状优秀的公、母兔的后代，要求种公兔具有健康、体质结实、品种特征明显、生殖器官发育良好、睾丸匀称、性欲旺盛、精液品质优良等特征。

②适时配种　详见第五章相关内容。

③控制环境　种公兔的笼舍应宽大、保持光线充足、清洁干燥，并经常洗刷消毒。种公兔舍内温度应保持在10℃～20℃。

④调教　搞好交配工作的调教。

⑤单笼饲养　种公兔应单笼饲养，防止种公兔之间互相咬斗，同时公兔笼应远离母兔笼，避免因经常的气味刺激导致公兔自淫。

⑥合理利用　一般每日使用2次，连续使用2～3天后休息1天。对初次参加配种的公兔，应每隔1日使用1次。公兔出现消瘦现象，应停止配种1个月。但长期不使用也不行，1周至少配种1次。一般公兔使用2～3年。

⑦配种禁忌　种公兔在采食前后、春秋换毛季节、身体情况欠佳时不宜配种。

⑧缩短采毛间隔时间　每隔1周剪毛1次，以提高精液品质。

四、不同季节长毛兔的饲养管理

（一）长毛兔春季的饲养与管理

我国南、北方的春季各有不同的气候特点，南方春季阴雨、潮湿，细菌繁殖较快，不利于毛兔生产。北方春季气温不稳定，往往在气温回升中又会出现大的下降，容易引发长毛兔的感冒、肺炎。因此南方地区，春季的管理重点在于防寒、防潮，而北方地区的重点在于保温、防寒。

1. **注意天气变化，防倒春寒** 春季气温逐渐回暖，但是气温的回升并不是直线上升，而是在上升中会出现下降，尤其是在 3 月份，气温忽高忽低，容易诱发毛兔的感冒、肺炎、肠炎等疾病。因此，应当加强春季的管理，早春季节，以防寒保暖为主；晚春季节，应注意通风换气。

2. **加强营养，做好饲料过渡** 春季的自然条件：光照变化、气温、青绿饲料供应，决定了春季是长毛兔繁殖的最佳时机。研究表明，毛兔在春季繁殖能力最强，公兔精液品质好，性欲旺盛，母兔发情明显、排卵数多、受胎率高。因此，应抓好春繁工作。但是毛兔刚刚经历了冬季的饲养，体质普遍较差；同时，春季又是毛兔的换毛时期，营养消耗多。所以，搞好春繁的首要工作就是给予毛兔充足的营养补充。

早春时节，青黄不接，可利用的野外青绿饲料很少，因而在毛兔饲养中应当使用全价配合饲料。随着气温回升，各种青绿饲料开始萌芽、生长，采集也变得容易很多。生产中应当充分利用这些野生青绿饲料，既能为毛兔繁殖提供丰富的维生素和矿物质，又能降低饲料成本。但在饲喂中应当注意，青绿饲料含水分高，幼嫩多汁、适口性好，如果不进行控制就会导致毛兔发生腹泻。所以，应当做好青绿饲料和干草的适宜搭配，根据毛兔的粪便情况，慢慢增加青绿饲料的饲喂量。

3. **控制环境，严防疾病** 春季是毛兔疾病的多发期，这一方面是由于毛兔经过冬季饲养后，体质变弱，抗病力差；另一方面是由于春季雨量多、湿度大，病原微生物的增殖变快导致的。因此，为了防止春季出现大规模的疾病暴发，应当将预防注射、药物投放、环境控制结合起来，以达到控制各种疾病的目的。

(二)长毛兔夏季的饲养与管理

我国夏季的普遍特点是温度高、湿度大,尤其在我国南方地区表现得更为突出。而长毛兔被毛厚、长而密,且汗腺不发达,因此夏季的气温条件对长毛兔的生存、生产都是极为不利的。故养兔生产中有“寒冬易度,盛夏难养”的说法。

1. 长毛兔夏季的饲养要点

(1)调整饲料能量水平　夏季高温导致毛兔采食量的减少,是导致长毛兔能量摄入不足的主要原因。因此,提高饲料的营养浓度,特别是能量水平,是保证夏季长毛兔营养充足的保证。试验表明,在饲料中添加2%的大豆油或葡萄糖不仅能提高能量水平、还能改善饲料的适口性。利用夏季青绿饲料资源丰富的特点,对长毛兔饲喂一定量的青绿饲料,以带走体内部分热量。

(2)改变饲喂制度　夏季天气炎热,往往会导致长毛兔食欲下降,甚至丧失食欲。但是一天当中的清晨、傍晚相对气温较低,长毛兔的食欲比较好。因此,饲喂中可以将全天喂料量的80%,安排在早、晚饲喂,以促进长毛兔的采食。

(3)保证饮水　水是任何动物都不可缺少的重要营养物质,夏季水的作用更为突出。清洁、干净的饮水不仅能满足长毛兔的饮水需求还能降低兔的体温。长毛兔的饮水,最好安装全自动饮水器,保证24小时都有清洁的饮水。为了提高防暑效果,可在水中加入1%~1.5%的食盐或藿香正气水等。

2. 夏季的管理要点

(1)防暑降温　夏季长毛兔生产的最大有害因素就是高温,只要采取措施得当,就能够有效降低兔舍的温度,即使在夏季长毛兔也能获得良好的生产性能。目前来看,兔舍降温的方式有很多:兔舍隔热、兔舍通风、安装湿帘、遮阴、绿化、降低长毛兔的饲养密度均能达到一定效果。生产中应当根据各自的兔场特点,灵活采

用降温措施。

(2)及时剪毛 长毛兔在入伏以前应当安排一次剪毛，夏季养毛期可以适当缩短；幼兔的第一次剪毛时间可以提前。

(3)做好兔舍卫生控制 夏季高温高湿的环境有利于各种病原菌的孳生，同时蚊蝇较多，病原菌的传播也比较迅速。为了有效防止疾病的暴发，一定要搞好笼舍、食具的清洁卫生。加强灭蚊、灭蝇工作，可以喷洒长效灭蚊蝇的药物，也可以在饲料中添加环丙氨嗪，抑制蚊蝇的滋生。日常管理中严格执行免疫程序，特别应注意夏季幼兔要严防球虫病。

(4)控制繁殖 前已述及高温对种公兔和种母兔的影响。因此，对于我国绝大多数不能有效控制兔舍温度的长毛兔场来说，夏季应当停止长毛兔的繁殖，蓄积营养以备秋季繁殖。但是也不能养得过于肥胖，因而停止繁殖的公、母兔应当适当降低精饲料的喂量，补充青绿饲料。条件良好的兔场还可以将种公兔调入空调房内，以确保秋季的繁殖。

(三)长毛兔秋季的饲养管理

秋季是仅次于春季的良好繁殖季节，此季节气候干燥、温度适宜，青绿多汁饲料及农副产品丰富。为搞好秋季的生产与繁殖应做好以下几点：

1. 加强营养 秋季正是长毛兔的换毛期，营养消耗高，体质相对较差。因此，应加强秋季长毛兔的营养，特别是蛋白质水平及其中的含硫氨基酸水平，同时注意多喂维生素、矿物质含量高的青绿饲料，满足换毛所需的营养物质，尽可能缩短换毛期。

2. 调整兔群 兔群的调整应当是一个动态的调整，但是每年8月份立秋过后，应当根据长毛兔的繁殖性能和产毛性能对兔群进行一次清理、调整和更新。一般种群的更新率为30%~40%。

3. 储备草料 秋季是农作物收获的季节，大量的农副产品为

长毛兔的生产提供了丰富的饲料来源。合理地对这些饲料资源进行储备，将是解决冬季饲料资源匮乏的有效手段。因此，要适时收获、妥善储藏。立秋过后，饲草结籽，农作物相继收获，及时采收饲草饲料以备越冬使用。

4. **抓好秋繁**　初秋季节，长毛兔受夏季高温的影响，体况较差，夏季不孕现象仍然在持续；同时，又处于第二次换毛时期，因此初秋至中秋往往配种受胎率低。为提高秋季的繁殖效果，首先应当加强秋季长毛兔的营养，促进恢复体况；其次应当采取重复配种和双重配种的方法，提高母兔的受胎率。争取在秋季繁殖2胎。

（四）长毛兔冬季的饲养管理

冬季气温低、日照短、青绿饲料缺乏，给长毛兔生产带来一定的困难。如果饲养管理不当，还会影响翌年长毛兔的生产。因此，必须做好饲养管理工作。

1. **防寒保暖**　虽然长毛兔对低温有很强的耐受力，但是温度过低的情况下，长毛兔的生长、繁殖、仔兔的成活率均会受到很大的影响。一般来说，一定的寒冷刺激（-10℃以上时），可以刺激长毛兔的兔毛生长，不需额外采取加温措施。但是在我国北方，最低温度往往达到-30℃，因此必须做好防寒保暖工作。兔舍以封闭式兔舍为佳，除关闭门窗外，还应采取暖气、远红外等措施给兔舍加温。

仔兔、幼兔体温调节能力差，体温容易随外界环境温度的降低而下降，所以仔兔舍应当进行加温，舍内温度不低于20℃。仔兔、幼兔箱内还应当铺放干净的垫草，仔兔还应当加盖棉被进行保暖。

2. **合理取毛**　冬季气温逐渐降低，对兔毛的生长十分有利，为了保暖，兔子不但会加快被毛的生长速度，而且会增加细度和密度。在兔毛达到标准时，可选择晴天的中午进行取毛，冬季取毛以拔毛比较合适，拔长留短，这样既能促进血液循环，促进被毛生长，

又能保证长毛兔体表有完整的被毛，有利于保暖。但是幼兔、妊娠母兔、哺乳母兔都不能采用拔毛的方式采毛。冬季剪毛方法：先剪去背上的毛，留下腹部的毛，待剪去部分的毛茬长到一定长度以后，再剪去另一部分。

露天饲养的长毛兔，取毛后最好先转入室内饲养1~2周，然后再返回原处饲养。

3. **抓好冬繁工作** 冬季繁殖的长毛兔具有毛囊发育良好、产毛量高的特点。同时，冬季繁殖的最大障碍就是温度和青绿饲料来源。因而，生产中只要有有效的保温措施，能够提供充足的青绿饲料，长毛兔也能达到良好的繁殖效果。但是冬季繁殖不能进行血配，仔兔的哺乳期也应适当延长，以繁殖1胎为宜。

五、提高长毛兔兔毛产量和质量的技术措施

（一）影响兔毛产量和质量的因素

1. **遗传因素** 不同品系的长毛兔在兔毛产量和质量方面存在着较大的差异。德系安哥拉兔产量高，但粗毛含量低；法系安哥拉产毛量中等，但粗毛比率高；而英系和中系则产毛量低且粗毛率低。

2. **年龄因素** 长毛兔兔毛产量和质量随身体机能的变化而变化。一般来说，幼龄长毛兔产毛量低，毛质较粗，随年龄增加，兔毛的产量和质量也不断提高，1~3岁的兔产毛量和毛品质最佳；3周龄以后，兔毛的产量和质量又开始下滑。

3. **体重因素** 体重影响兔皮的面积。研究表明，体表面积与体重的3/4次方呈正比。在被毛密度相同的情况下，体型越大，兔皮面积也就越大，相应的兔毛的产量就越高。

4. **性别因素** 在同一品种中，一般母兔的产毛量高于公兔，

阉割公兔的产毛量高于未阉割的公兔。

5. 营养因素 营养是决定产毛量的主要外在因素，饲料中蛋白质丰富、品质好、氨基酸平衡特别是含硫氨基酸的水平，可以促进毛囊的生长、增加被毛的直径，从而提高兔毛的产量。

6. 季节因素 不同季节长毛兔的兔毛产量和质量均有很大差别。一般来看，长毛兔冬季产毛量最高，毛品质最好；春、秋季次之；夏季毛产量最低，毛质量也最差。

7. 光照影响 光照可促进兔毛生长。生产实践证明，在合理光照、自然光照、光照不足3种生产条件下，长毛兔的产毛量表现出合理光照条件下比自然光照条件下的兔毛产量高30%~40%，自然光照条件下比光照不足条件下的兔毛产量高15%~20%。

8. 被毛密度 被毛密度是指每平方厘米体表面积着生的毛纤维根数。也就是说，单位面积里毛纤维越多，被毛密度越大，产毛量越高。被毛是皮肤的衍生物，在毛囊中产生。毛囊的发育受到两个方面的限制：第一是遗传；第二是营养。毛囊发育有阶段性，根据国内外大量学者的研究，毛囊发育起始于胚胎期，但出生后前3个月是毛囊分化最快的阶段，5月龄以后明显变慢，因此前期促进毛囊分化是非常重要的。如果说前5个月，特别是前3个月，兔子没有得到充足的营养和培育条件，那么它的毛囊分化将受到极大限制，此后再增加营养，效果也不会理想。

在生产实践中发现，被毛的生长速度有一定差异，但差异不大；经过选育，毛兔的体重都有大幅度提高，体型越来越大，个体之间的差距缩小，因此被毛密度成为影响产毛量的重要因素。笔者对“成长杯”山东省第二届长毛兔赛兔会的部分数据进行分析，以相近的毛长或体重为依据，将两只组成一组进行比较。结果表明，第一组和第二组的组内家兔毛长相等，体重相近，剪毛量分别相差443.1克和550.5克，产毛率分别相差11.15%和12.73%；第三对、第四对、第五对和第六对情况相似，组内家兔体重基本相同，毛

短的个体产毛量反而高，二者分别相差 277. 1 克、298. 1 克、231. 9 克和 577. 1 克（表 6-5）。以上数据充分说明，影响产毛量的最大因素是被毛密度。这就提示我们，毛兔选育和培育过程中，一定要突出被毛密度，抓住这一点，就等于抓住了问题的关键。

表 6-5　体重相近、毛长相近毛兔的产毛量比较

对　别	芯片号	被毛长度（厘米）	剪毛量*（克）	剪毛后体重（千克）	产毛率（%）
1	6277	7. 2	1223. 1	3. 945	31. 00
	6202	7. 2	780. 0	3. 93	19. 85
2	6083	6. 8	474. 0	4. 605	10. 29
	6135	6. 8	1024. 5	4. 450	23. 02
3	6126	5. 8	860. 0	4. 165	20. 65
	6091	6. 2	582. 9	4. 165	14. 00
4	6210	7. 0	1066. 5	3. 94	27. 07
	6089	8. 0	768. 4	3. 91	19. 65
5	6232	7. 5	636. 3	4. 31	14. 76
	6185	5. 2	868. 2	4. 31	20. 14
6	6102	8. 8	612. 1	4. 025	15. 21
	6212	8. 5	1189. 2	4. 070	29. 22

* 剪毛量指剪下原毛的总重量，没有去杂、水、污和油脂。

（二）提高兔毛产量和质量的技术措施

1. **选择适宜的品系**　长毛兔的产毛量属高遗传力，遗传力为 0. 5~0. 7。因此，选用优良种兔留作种用，可以明显提高后代的产毛性能。因此，在长毛兔生产中，应根据市场和生产目的不同，选择不同的优良品系，选择体型较大、被毛密度高的个体，以提高群体产毛量。

2. **供给充足的营养**　营养是兔毛生成的物质基础，尤其是日粮中能量、蛋白质和含硫氨基酸，能够促进毛囊生长，增加被毛密度。实验表明，家兔日粮在低能（9.82 兆焦/千克）、低蛋白质（11%）时，粗毛和细毛的生长速度都明显降低，而日粮能量含量为 10.45～11.29 兆焦/千克、粗蛋白质含量为 14%～17%时，兔毛生长速度较快；在生长兔日粮中添加蛋氨酸 0.1%～0.3%、含硫氨基酸水平达到 0.6%～0.8%时，可提高产毛量。

3. **温度适宜**　温度对被毛生长速度有很大的影响，相对的低温可以刺激被毛生长，高温抑制被毛生长。因此，保持适宜的环境温度，是保证稳产高产的必备条件，长毛兔最适宜的环境温度是 14℃～16℃。

4. **增加剪毛次数**　研究表明，兔毛的生长速度与剪毛后的养毛时间成反比。剪毛后第一个月兔毛生长速度最快，第二个月次之，第三个月最慢。据统计，养毛期由 91 天改为 61 天，可使总产毛量提高 20%～25%；由 91 天变为 71 天，可提高产毛量 10%～15%。但是缩短养毛期会导致兔毛长度变短，影响兔毛品质。在生产中应当灵活应用。

5. **及时淘汰**　年龄不同兔毛的产量和质量有很大差别。生产当中发现，1～3 岁期间，长毛兔的产量和质量均处于最佳水平。因此，及时淘汰兔群中老龄兔，保持生产兔群主要由壮年兔组成，也是提高产量和质量的有效措施。

6. **提高母兔比例**　前已述及，在饲养水平相同的条件下，同一品系的长毛兔兔毛的产量和质量很大程度上受到性别的影响。据测定，母兔的产毛量比公兔高 15%～20%，阉割的公兔比未阉割的公兔高 10%～15%。因此，应当构建以母兔为主的生产兔群。

7. **合理催毛**　目前，应用于毛兔生产中起到促进被毛生长的饲料添加剂很多，现归纳如下：

（1）蚯蚓粉　据报道，每只兔每日在饲料中添加 1 克蚯蚓粉，

或每只兔每日饲喂 6 克蚯蚓干，连续添加 2~3 个月，可使兔毛产量提高 10%左右。

(2)稀土 据报道，日粮中添加 0.03%~0.05%的稀土，不仅可提高产毛量 8.5%~9.4%，而且优质毛的比例可提高 43.44%~51.45%。

(3)生鸡蛋 每日每 5 只兔添加 1 颗生鸡蛋，可以提高长毛兔的产毛量。

(4)松针粉 松针粉富含氨基酸和胡萝卜素，并且还有一定水平的微量元素、维生素等物质。研究表明，长毛兔饲料中添加 1%~1.5%的松针粉，可使产毛量提高 10%；用鲜松针代替 15%~20%的青绿饲料，可以提高产毛量 10%~12%。

(5)艾叶粉 长毛兔饲料中添加 1.5%的艾叶粉，可使幼兔日增重提高 18%，生产兔兔毛产量提高 7.5%~8.2%。

(6)血余素 血余素是毛发经水解、浓缩而形成的产物，具有消化性好、含硫氨基酸水平高的特点。研究表明，每日给长毛兔饲喂 1 克，连用 60 天，可使产毛量提高 16.6%。

(7)腐殖酸钠 有报道证实，每只兔每日服用 3%~4%的腐殖酸钠溶液 2 毫升，或将其喷洒在颗粒饲料上，能够使兔毛产量增加 20%。

(8)沸石粉 长毛兔饲料中按照 10 克/千克的比例添加沸石粉，连续添加 3 个月，产毛量可提高 30%左右。

(9)褪黑激素 法国研究报道，在 5 月份给长毛兔植入褪黑激素 38~46 毫克/只，可使夏季产毛量提高 31%，使夏季的产毛水平达到秋季的水平。

(10)其他 除了使用饲料添加相应的添加剂来达到促进兔毛高产的目的以外，生产中往往还会看到一些其他的形式，并且据报道，效果良好。

①白酒涂搽 长毛兔剪毛以后，使用 50°白酒，加入少量姜

汁，用药棉涂擦兔体，每日1次，连用3天，可缩短养毛期3～5天，提高毛产量5%～7%。

②药物涂搽　剪毛后用乙酰-L-蛋氨酸和L-酪氨酸配制成0.2%的溶液，每日涂擦兔体1次，连用3～5天，也有明显的促进兔毛生长的效果。

③药浴催毛　剪毛后10天内，每日药浴1次。常用的药浴浴液有两种。木槿、苦参各100克，加水2.5升，煎后过滤，滤液中再加硫黄粉100克，然后倒入100℃的热水5升，搅拌均匀，晾成温水，供20只毛兔洗浴；敌百虫150～200克，加水50升溶解，再加1 500克硫黄粉，供剪毛后的兔洗浴。据报道，这两种方法均可使产毛量提高30%左右。

第七章

毛兔保健与疾病防控

一、毛兔疾病的发生规律与特点

（一）毛兔疾病发生的原因

毛兔疾病是指毛兔在一定的条件下，受病因损害作用后，因自身调节紊乱而发生的异常生命活动过程。毛兔在疾病状态下还会导致代谢、功能、结构的变化，从而表现出症状、体征和行为的异常。一旦毛兔处于疾病状态，就会导致适应能力降低、生产性能下降。

诱发毛兔发生疾病的原因有很多，但是概括起来无外乎外界因素和内部因素两大类。

1. 外界因素　即存在于毛兔赖以生活的周边环境中的各种致病因素。

（1）生物因素　主要是指周边环境中的寄生虫（如球虫、蠕虫等）和病原微生物（如细菌、病毒、真菌等）。这类致病因素主要引发毛兔的传染性疾病、寄生虫病及某些中毒病等。

（2）化学因素　某些化学物质含量过高，会对毛兔机体产生一定的损伤，导致中毒性疾病的发生，如强酸、强碱、重金属盐类、氨气、一氧化碳、硫化氢等。

（3）物理因素 诱发毛兔致病的物理因素有很多，各种物理条件在超过毛兔承受范围或长期承受某种不适应的物理环境均可直接或间接地导致毛兔患病。比如，炎热可能导致毛兔中暑；高寒可能导致毛兔冻伤；强烈的日光照射可能导致毛兔发生热射病。

（4）机械因素 机械因素主要指外来的机械力量，如打击、碰撞、扭曲等可引起毛兔挫伤、创伤、骨折等。个别的机械力，也可产生于体内，如体内发生寄生虫、结石或是毛兔采食大量兔毛而在胃内滞留形成毛球，均可因其对局部组织器官产生压迫、刺激或阻塞而导致伤害。

（5）其他因素 除上述致病因素以外，毛兔赖以生存的各种营养物质如蛋白质、脂肪、矿物质、维生素等，发生代谢异常或是供给异常（过量或不足），也会引起相应的疾病。

2. **内部因素** 毛兔发病的内部因素主要是指毛兔对外界致病因素的敏感性和抵抗力。机体对致病因素的抵抗能力受到机体免疫力、年龄、性别、品种等多个方面的影响。

（二）毛兔疾病的分类

依据毛兔疾病的发生原因不同，将毛兔疾病分为 4 类，即传染病、寄生虫病、普通病和遗传病。

1. **传染病** 是指由病原微生物引发的在毛兔体内具有一定潜伏期并能表现出一定症状，可以通过某种或某几种途径在个体与个体之间传播的疾病。常见的传染性疾病主要有病毒性传染病、细菌性传染病和真菌性传染病。

2. **寄生虫病** 是指由各种寄生虫侵入体内或侵害体表而引起的一类疾病，常见的有原虫病、蠕虫病和外寄生虫病等。

3. **普通病** 由一般性致病因素引起的疾病，常见的致病因素有创伤、冷、热、营养不良等。临床上又将常见的普通病划分为中毒性疾病、内科病、外科病、营养代谢病、中毒性疾病等几大类。

4. **遗传病** 遗传病主要表现为身体结构缺陷或功能障碍，是由于遗传物质变异而导致的对动物机体的一种伤害；并且一旦出现该种伤害，便能够通过繁殖传递给自己的后代，如八字腿、白内障、牛眼、短趾等。

（三）毛兔疾病的发生特点

1. **抗病力差** 毛兔体质弱，对周围环境敏感度高、适应能力差。因此，相对于其他动物而言，毛兔发病率高，且一旦发病难以治愈。同时，毛兔为小型动物，单体经济价值低，往往无治疗价值。因此，生产中应当贯彻“预防为主，防重于治”的方针。

2. **成年兔耐寒怕热，小兔怕冷** 毛兔的体温调节特点，决定了成年兔和仔兔、幼兔有不同的温度要求，因此在生产中应注意这一差异性，不同季节的温度调控，既要满足成年兔的需要，又要保证幼兔、仔兔的温度需求。

3. **环境病为主体** 环境病是指由于饲养管理不当、环境条件不佳所诱发的疾病。据笔者研究发现，家兔常发并且危害大的 10 种疾病中，除了兔瘟外，均为环境不良引起的。因此，在日常家兔饲养中，精细管理、提供良好的环境，才是控制毛兔各种疾病的关键。

4. **“二道”疾病常发且危害大** “二道”指消化道和呼吸道。呼吸道疾病主要是由细菌诱发的，消化道疾病发生原因比较多，细菌、病毒、寄生虫均能诱发。而发生这两种疾病的主要原因一是饲养不当如饲喂量突然改变、饲料质量变化、饲料发霉变质等；二是环境控制不当，如通风不畅、兔舍粉尘过多等。因此，细化饲养管理、严格执行管理规程是控制这两种疾病的最佳方法。

5. **混合感染多发** 毛兔的疾病，一旦发生，往往不是某种致病因素单独作用，而是由两种或者更多的致病因素综合作用的体现。笔者统计了自己接诊的756例病例，结果发现其中只有单一疾病89例，占发病总数的11.77%；2种疾病混合感染的302例，占发病总数的39.96%；3种疾病混合感染的285例，占发病总数的37.71%；4种疾病混合感染的80例，占发病总数的10.58%。这就给家兔疾病的诊断带来了一定的困难。因此，为保证及时准确地对家兔疾病做出诊断以对其进行控制，一方面需要从业人员加强理论知识学习，不断提高自身业务水平；另一方面需要养兔企业加强硬件建设，借助先进工具提高准确性。

二、毛兔疾病诊断技术

（一）流行病学调查

流行病学调查就是为了清楚认识疾病的表现、发病的原因及传播规律，而针对疾病开展的问诊、现场观察和实验室检查、调查数据统计分析等诊断方法。

通常调查的内容包括：发病时间、发病家兔的数量、发病年龄、发病的症状、程度；发病前后饲料品质及饲料变更情况、天气变化情况、兔场的免疫情况、发生疾病后有无确诊、用药情况；传染源、传播媒介及途径、疫区的范围等。

1. **问诊**　兔群暴发疾病以后，首先应当找到熟悉兔场情况的饲养员、场主等了解兔场近期的情况。主要询问：兔饲料配方有无变动，以往兔场有无出现本疾病，最近兔场的人员来往情况和种兔调动情况，了解兔子发病后的基本表现如病程、死亡率等，曾经采取的治疗措施、效果，兔场的免疫情况、疫苗的种类和保存情况等。

2. **现场观察**　为了更加准确地了解基本信息，询问完成后应当对兔场进行全面察看。主要观察兔场的饮水有无存在污染现象；饲料贮存加工的卫生条件，是否存在饲料变质现象；兔场的管理情况，人员进出时有无消毒，病死兔是否按照规定的处理方法进行处理等。

3. **实验室检查** 为了有效检出兔病的隐性传染源、摸清兔群疾病的各有关因素，实验室检查更为客观、准确。实验室检查是指借助各种工具或实验室仪器设备，通过对病兔的各种病料进行检查，对疾病做出比较客观和准确的判断。实验室检查的内容很多，如血清学检查、毒物检查、病料检查等。

4. **统计分析** 根据上述调查取得的数据，包括发病兔、死亡兔、实验室检查测定结果等，进行统计、分析整理，做出一个全面、客观、科学的兔病发生、发展的规律结论，提出预防和控制传染病的措施。

（二）临床诊断

临床诊断是疾病诊断工作中最为常用的首选检查方法。通过工作人员的感官检查或借助简单的诊断工具对病兔进行检查。对于工作经验丰富且病兔发病症状典型的病例，能够快速做出准确判断。临床诊断的常用方法包括：

1. 一般检查

（1）精神状态 观察病兔在精神上的变化，兔的精神表现多种多样，如沉郁、低头、呆滞、迟钝、嗜睡等。

（2）营养状况 患病家兔往往伴有营养消耗加剧的表现，因此消瘦、被毛粗乱无光在患病家兔身上是一种常见的现象。

（3）姿态 家兔患有疾病时，由于受到病痛的折磨，往往会表现出站立、伏卧时与正常家兔不同。例如，呼吸困难或腹疼时，家兔表现烦躁不安，时常站立；患有皮肤疾病时，常用爪抓挠或在笼上蹭痒。

（4）皮肤状态 检查皮肤是否有脱毛现象，有没有发炎、皮下是否有肿块。

(5)可视黏膜检查 主要是指针对眼结膜、口腔、鼻腔、阴道黏膜的检查。

①分泌物 眼结膜的分泌物也称眼眵,有水样、黏液性、脓样等几种,无论哪种分泌物出现,都是家兔患病的表现。

②颜色变化 不同的黏膜颜色往往代表着机体不同的病理变化。疾病引发的黏膜颜色主要包括:

苍白:多见于长期营养不良、慢性营养消耗、寄生虫疾病等。

潮红:多见于传染病和热性病。

发绀:即黏膜呈现蓝紫色。引起黏膜发绀的原因有两种,一是由于血液中还原血红蛋白太多;二是静脉血量过高,如肺炎、胃肠炎、败血病等。

黄染:发生黄染的原因主要是血液中胆色素增多造成的。引发黏膜黄染的疾病比较多,如肝片吸虫病、豆状囊尾蚴病、肝脏疾病、十二指肠卡他性炎等。

肿胀:由发炎或淤血引起。

(6)体温、脉搏及呼吸次数检查

①发热 家兔的正常体温为38.5℃~39.5℃,当温度超过正常体温时即为发热。如低于37℃,则为兔死亡的征兆。

②脉搏检查 兔的脉搏跳动次数,与其年龄有关。一般而言,成年兔80~100次/分钟,幼兔120~140次/分钟,老龄兔70~90次/分钟。兔的脉搏异常包括快脉和慢脉两种情况。

快脉:指脉搏跳动速度高于正常时的水平,多见于患有某些热性疾病时。

慢脉:也称为迟脉,即脉搏次数比正常少,常见于中毒性疾病或心脏疾病时。

③呼吸检查 毛兔正常的呼吸次数为40~60次,与脉搏次数一样,年龄不同呼吸次数存在一定的差异。一般老龄兔呼吸次数

少，幼龄兔呼吸次数多。在日常生产当中呼吸次数异常，也是毛兔患病的表现形式之一。当毛兔呼吸次数增多时，可能是发生了呼吸道疾病，如肺炎、鼻炎等；当呼吸次数减少，则可能是中毒、脑病或产后瘫痪等。

2. 系统检查

(1)呼吸系统 观察毛兔的呼吸方式和呼吸状态。毛兔的呼吸方式有3种，即胸式呼吸、腹式呼吸和胸腹式呼吸。正常情况下，毛兔的呼吸为胸腹式呼吸，但是当毛兔承受病痛折磨时，出于保护性的反射，就会表现出异常呼吸方式，如在腹胀、胃肠臌气、腹腔积液、腹膜炎等情况下就会采用胸式呼吸；在胸膜炎或胸腔积液时则采用腹式呼吸。呼吸状态则是要观察毛兔有无出现呼吸困难、是否发生呼吸急促、呼吸是否伴有杂音等。

(2)消化系统 消化系统的检查包括多种检查手段，如视诊、听诊、叩诊、触诊等。其中，视诊是比较常用的手段，也能观察到消化道的大多数病变。一般来说，诊断消化道疾病首先要观察毛兔的食欲，观察其可视消化道部分有无异常，如口腔是否流涎、破溃；肛门有无粪便黏附、黏附粪便的性状及黏附的范围如何。为了进一步确诊，其他诊断方式也是必要的。如腹胀的毛兔要进行叩诊，听腹部回音为实音还是鼓音；用手轻轻按捏腹部进行触诊，判断腹腔消化道内容物是柔软、结块还是臌气。

粪尿观察：毛兔的排泄物是我们诊断兔病的重要依据。健康毛兔的粪便大小基本一致，表面光滑，无黏液和特殊气味。如果发现粪便异常，则为疾病表现。粪便形式与疾病关系如下：稀薄成堆、糊状或水状为腹泻；带有黏液并呈胶冻状为黏液性肠炎；细小、干硬为便秘；三角形且带有兔毛为毛球症；长条形或堆形并有恶臭气味为伤食。因此，养兔人员应经常观察兔粪便的形状、颜色、气味，以便及时了解兔群的状态，对疾病采取准确、及时的处理。

(3)泌尿系统 毛兔因其对钙特殊的消化生理，其尿液与其他动物尿液本身就存在着差异，主要表现为毛兔摄入的钙能够通过肾脏经尿液排出体外，这也是毛兔能够耐受饲料中高水平钙的原因。因而毛兔的尿液往往表现出浑浊不透亮，这一点应正确看待，不能与疾病混为一谈。但是当尿液出现其他异常时，则表明毛兔可能患有泌尿系统疾病，应当引起注意。例如，尿液中带有脓液、血液，则应该考虑毛兔是否发生泌尿系统感染。

(4)神经系统　毛兔的神经系统异常反映在机体上往往会有以下几种行为表现：精神异常、共济失调、瘫痪等。

①精神异常　又可以分为精神兴奋和精神抑制。精神兴奋的毛兔主要表现为狂躁不安，在兔笼内狂奔，嘴咬兔笼、鸣叫等，可能是由于脑及脑膜充血、炎症、颅内压升高等造成的；精神抑制的毛兔主要表现为沉郁、昏睡甚至昏迷，不愿走动，呆立在兔笼一角，大多数患病毛兔均表现此种症状。

②共济失调　这是由于神经系统受损，肌肉运动障碍而引起的走路不稳、步态摇摇晃晃的表现。

③瘫痪　根据产生瘫痪的原因不同，又可以将瘫痪分为器质性瘫痪和功能性瘫痪。器质性瘫痪是运动神经的器质性疾病引起的；机能性瘫痪，并没有伴随器质性病变。例如，毛兔发生马杜霉素中毒，全身绵软无力，前后四肢瘫痪；高产母兔或肥胖母兔发生的产前产后瘫痪。

(三)病理学诊断

依据临床诊断有些疾病尚不能进行确诊，此时需结合病兔解剖后的组织器官的病理变化，方能做出准确判断，因此应当对病兔进行病理学诊断。病理学诊断主要内容包括：外部检查、皮下检查、上呼吸道检查、胸腔脏器检查、腹腔脏器检查等多个方面。

病兔或尸体的剖检，应当在专用的剖检室进行，以利于清洗、消毒，防止疾病的传播。如在现场剖检，应选择远离兔舍和水源的场所进行。

（四）实验室诊断

通过临床症状和剖检均难以确诊的疾病，则应进行实验室诊断。即借助仪器设备，对取自病兔的病料进行分析和检测。不同的发病原因，实验室诊断的方法和内容也有一定的差异。现将几种不同致病源引起的疾病实验室诊断方法进行总结。

1. 细菌性疾病

（1）组织切片镜检 取病兔肝脏触片或心血涂片，在火焰上固定后再用姬姆萨液或美兰液染色，置于显微镜下观察有无细菌的存在。

（2）细菌分离培养 在无菌条件下取心血、肝脏、淋巴液、肺、肠内容物等器官的样品，选择合适的培养基培养，再挑取可疑的单个菌落纯化培养，最后做生化试验。

（3）动物致病性试验 在分离纯化和生化试验的基础上，进一步验证所分离细菌的致病性，使用试验动物进行人工接种，测定分离细菌的致病力。

2. 病毒性疾病

（1）病毒分离 将被检材料磨碎后过滤除菌，进行无菌检验后接种到实验动物。该实验动物应表现出相应的症状、病变。如接种到细胞后应引起细胞病变，而且继续传代后仍能保持。

（2）病毒检测 根据不同病毒的致病特点不同，病毒检测也应当选择适宜的检测方法。例如，兔黏液瘤病毒可以采用包涵体检测法；兔出现出血症状时可以采用红细胞凝集试验进行检查等。

（3）病毒特异性抗体检测 运用中和试验、补反试验、血凝抑制试验等手段测定病毒特异性抗体。

3. 寄生虫病

（1）虫体检查法 如毛兔发生体表寄生虫病，此时可以用刀片或镊子取患部和健康部位交界处的病料，放置于载玻片上，滴入几滴10%氢氧化钠溶液，直接在低倍显微镜下观看。

对于病死兔，一般可以取气管、支气管、肝管、肠管等器官进行观察。

(2)虫卵检查法　寄生虫的虫卵检查方法很多，常见的有：沉淀检查法、漂浮检查法、直接涂片检查法和粪便肉眼检查法4种形式。实践当中可以根据寄生虫病发生具体情况，灵活选用检查方法。

三、毛兔疾病的治疗技术

(一)毛兔的保定

1. **徒手保定**　毛兔的徒手保定法有两种形式，分别适用于不同治疗方案中。一种方法是用一只手将毛兔两耳及颈部皮肤一起抓住拎起毛兔，另一只手拖住毛兔臀部，使兔的腹部向上，该方法适合于眼、腹部、乳房、四肢等疾病的诊治。第二种方法是保定者抓住兔的两耳及颈部皮肤将兔放在台子上，两手抱住兔的头部，拇指、食指固定住耳根部，其余三指压住前肢。本方法适用于静脉注射、采血等操作。

2. **手术台保定**　将兔四肢分开，仰卧于手术台上，分别固定头和四肢。适用于兔的阉割、乳房疾病治疗和剖宫产等腹部手术。

3. **保定盒、保定箱保定**　保定盒由外壳、内套和后盖3部分组成。在进行兔的保定之前，首先将后盖打开，待兔头从前端内套中伸出后，调节内套使之卡住兔头，使其不能缩回盒内为宜，然后再盖好后盖即可。

保定箱分为箱体和箱盖两部分，在箱盖上有一半月形缺口，保定时将兔放入箱内，兔的颈部卡在缺口中，盖上箱盖，使兔头卡在箱外。

以上这两种保定方法适用于治疗头部疾病、耳静脉输液、灌药等操作。

4. 化学保定 借助于特定的化学药物，如静松灵、戊巴比妥钠等，使家兔安静、无力挣扎，使用量按说明剂量即可。

（二）毛兔的给药

1. 口服给药

（1）自由采食 该方法适用于患兔发病较轻，有一定食欲或饮欲时使用，同时投服的药物应当毒性小、适口性好。此种情况下可以将药物均匀地拌于饲料或饮水中。

采用此方法是为了防止饲料中局部药物浓度过大，造成兔中毒；或局部浓度过小，导致部分兔采食后无效，应特别注意药物在饲料中搅拌的均匀度。

（2）灌服法 适用于食欲废绝、拒绝采食的毛兔，或用药量小、药物异味较大的情况。灌药时应当注意观察毛兔的吞咽情况，避免灌入气管内，造成异物性肺炎。

（3）胃管给药法 多用于有异味、毒性较大的药品或病兔拒食的情况下。给药时，由助手保定兔的头部，用开口器将兔的口腔张开，然后将胃管涂好润滑油，经开口器缓慢插入，并借助兔的吞咽动作，将胃管插入胃中。

采用此法时应准确判断胃管是否到达胃内，如插入正确时，兔不挣扎，无呼吸困难表现。若误入气管时，则情况相反，并且将导管一端放入水中，会看到大量气泡出现。此时应迅速拔出，不能灌药。

2. 注射给药 毛兔的注射方法可以分为皮下注射、肌内注射、静脉注射、腹腔内注射几种不同的形式。

（1）皮下注射 多用于疫苗注射或刺激性小的药物的注射，

大多选在耳部或后颈部皮肤处。注射时先用 70%酒精棉球对注射部位消毒。然后用左手食指和拇指捏起皮肤。右手持针斜向将针头刺入两层皮肤之间的空腔,注入药物。用酒精棉球按压消毒。采用皮下注射时以选用短针头为佳,注射完成后可见皮肤局部隆起。

(2)肌内注射　除刺激性强的药物外,多种药物均可采用此方法。注射部位多选择肌肉丰满的大腿内侧。注射时先用 70%酒精棉球消毒注射部位,将针头刺入肌肉内,回抽无回血即可缓慢注入药物。注射完毕拔出针头,用酒精棉按压消毒。采用此法注射时,因针头插入肉内较深,如果兔挣扎厉害,就可能导致针头扎伤血管、神经、骨骼,因此必须做好兔的保定。

(3)静脉注射　多用于病情严重时补液注射,适用于刺激性强、不宜做皮下或静脉注射的药物。注射部位一般选择耳静脉。注射之前先将注射部位的毛拔掉,然后用 70%酒精棉球消毒。静脉不明显时,用手指弹击耳壳或用酒精棉球反复涂擦刺激静脉处皮肤,直至静脉充血,用左手拇指、无名指及小指相对,捏住耳尖部,针头沿静脉刺入,注入药物,拔出针头后用酒精棉球按压注射部位 1~2 分钟,防止流血。采用静脉注射时应当注意注射器内不能有气泡,否则兔会因空气栓塞而死。第一次注射时应从耳尖静脉处开始,以免第一次注射不成功,影响以后再注射。注射钙剂应缓慢。

(4)腹腔注射　多在静脉注射困难或兔心力衰竭时选用,注射部位多选择脐后部腹底壁,偏腹中线左侧 3 厘米处。注射时,由助手倒提兔的后肢,在最后乳头外侧,针头呈 60°刺入腹腔;同时,回抽活塞,如无液体、血液及肠内容物,则可注入药液。若补液则应将药物加热至接近体温。采用此种方法注射时针头不宜过大,以 5~6 号针头为宜;刺针不宜过深,否则会损伤兔的内脏,进针深度为全针长的 1/4~1/3 为宜;注射时间应在进食后 2~3 小时。

3. **灌肠** 该给药方法一般用于便秘，也可用于营养性灌肠、麻醉性灌肠等。一人将兔保定，提起尾巴，露出肛门；另一人将涂上润滑剂的橡皮管或导尿管缓缓插入肛门 7～10 厘米。然后将装有药液的注射器与导管相连，将药液推入兔的肠道，灌注完成后使导管在兔肛门内停留 3 分钟左右，以免药液外流。

4. 局部给药

(1) 点眼 多用于兔患有结膜炎时。可以将眼药水或眼膏，滴入或挤入眼结膜囊内。一般每隔 2～4 小时点眼 1 次。

(2) 涂搽 主要用于皮肤、黏膜的感染，如螨病、毛癣菌病等的治疗，即将药剂或药膏涂在皮肤或黏膜的患病部位。

(3) 洗涤 通过用药液洗涤患病部位达到治疗局部创伤和感染的目的。常用药物有生理盐水和 0.1%高锰酸钾溶液。如皮肤脓疮的冲洗，眼、鼻、口腔的冲洗等。

四、毛兔主要疾病防控技术

（一）病毒性传染病

兔病毒性出血症（兔瘟）

兔病毒性出血症又名兔出血性肺炎、兔出血症和兔瘟。是由兔病毒性出血症病毒（RHDV）所致的兔的一种急性、败血性、高度接触性传染病。呼吸系统出血、肝坏死、实质器官淤血及出血性变化是本病的主要临床特征。因其常呈暴发性流行，发病率、死亡率极高，而给毛兔养殖带来极大的经济损失。

【流行特点】 自然感染条件下，本病仅发生于兔。不同生产用途、不同年龄的兔在易感性上存在很大差异。主要表现为长毛兔易感性明显高于獭兔和肉兔；在年龄差别上，40 日龄以上的

兔易感性明显高于40日龄以下的兔，但近些年发现，断奶日龄的幼兔发病病例也呈现增高的趋势。哺乳仔兔不发病。病死兔、带毒兔的内脏器官、肌肉、毛、血液、分泌物、排泄物是主要的传染源。主要的传染途径是呼吸道、消化道、伤口和黏膜，目前为止尚未发现经胎盘垂直传播的。该病一年四季均可发生，但以冬、春季节多见，一旦出现呈暴发性流行。新疫区发病率和死亡率高达90%~100%，一般疫区的死亡率为78%~85%。

【临床症状】　自然感染条件下本病的潜伏期为2~4天，人工感染一般为1~3天。临床上根据表现症状将兔瘟分为最急性型、急性型和慢性型3种类型。

(1)最急性型　突然发病，迅速死亡，多无明显症状。有的表现短暂兴奋，四肢划动、昏迷，临死时角弓反张，眼球突出，典型病例可见鼻孔流出血样液体，肛门松弛，肛周有少量淡黄色黏液附着。该种类型多发生于非疫区或流行初期。一般在感染后10~12小时，体温升高到41℃，经6~8小时死亡。

(2)急性型　多见于流行中期，病程一般12~48小时，病兔体温迅速升高到41℃以上，精神不振，食欲减退，饮欲增加，呼吸急促、困难。死前短期兴奋、挣扎、狂跑、咬笼架，继而前肢俯伏，后肢支起，全身颤抖，倒向一侧，四肢划动，惨叫几声而死。少数病兔鼻孔流出泡沫样血液。

(3)慢性型　多见于老疫区或流行后期。潜伏期和病程较长，体温升高到41℃左右，精神不振，采食减少，迅速消瘦，衰弱而死。有的可以耐过，但生长缓慢，发育较差。

【病理变化】　呼吸道：鼻腔、喉头和气管黏膜淤血和出血。气管和支气管内有泡沫状血液。肺有不同程度充血，一侧或两侧有数量不等的粟粒大至绿豆大的出血斑点。切开肺叶流出大量红色泡沫状液体。

肝脏：淤血、肿大、质脆，被膜弥漫性网状坏死，而使肝脏表面

呈淡黄色或灰白色条纹，切面粗糙，流出大量暗红色血液。

胆囊：肿大，充满稀薄胆汁，胆囊黏膜脱落。

脾脏：有的充血增大 2～3 倍，边缘钝圆，呈黑紫色，高度充血、出血，质地脆弱，切口外翻，胶样水肿。

肾脏：肿大，呈暗红色、紫红色或紫黑色，肾皮质有散在的针尖状出血点。

心脏：扩张淤血，少数心内外膜有出血点。

胸腺：肿大，常出现水肿，并有散在性针尖大至粟粒大出血点。

消化道：胃肠多充盈。胃黏膜脱落。小肠黏膜充血、出血。肠系膜淋巴结水样肿大，其他淋巴结多数充血。

脑和脑膜血管淤血，松果体和脑下垂体常有血肿。此外，有些病例眼球底部常有血肿，胸水增多。

膀胱积尿，内充满黄褐色尿液，有些病例尿液中混有絮状蛋白质凝块。妊娠母兔子宫充血、淤血和出血。多数雄性病例睾丸淤血。

组织学变化：非化脓性脑炎，脑膜和皮层毛细血管充血及微血栓形成。肺出血、间质性肺炎、毛细血管充血、微血栓形成。肝细胞变性、坏死。肾小球出血、肾小管上皮变性、间质水肿、毛细血管有较多的微血栓形成。心肌纤维变性、坏死、肌浆溶解和纤维断裂消失及淋巴组织萎缩等。

【诊　断】　根据流行病学特点，结合发病时的临诊症状和病理变化，一般可以做出诊断。在新疫区要确诊可进行病原学检查和血清学试验等。

（1）病毒检查　取肝病料 10%乳剂，超声波处理，高速离心，收集病毒，负染色后电镜观察，可发现一种直径为 25～35 纳米、表面有短纤突的病毒颗粒。

（2）血清学检查　取病兔肝脏制成 10%乳剂，高速离心取上清液，与用生理盐水配制的 0.75%的人 O 型红细胞悬液进行微量

血凝试验，在4℃或25℃作用1小时，凝集价大于1∶160判为阳性。再用已知阳性血清做血凝抑制试验，如血凝抑制滴度大于1∶80，则证实病料中含有该病毒。

除上述方法以外，琼脂扩散试验、SPA协同凝集试验、荧光抗体染色、免疫酶组织化学染色、酶联免疫试验等均可用于本病的诊断。

【防治措施】

(1)预　防

①免疫接种　注射疫苗是预防和控制本病的主要手段，幼兔45日龄使用兔瘟疫苗首免，每只皮下注射2毫升，20天后进行加强免疫1次，每只皮下注射1毫升，此后每6个月免疫1次。

②加强管理　严禁从疫区购入种兔；禁止收购兔产品的人员进入兔场，特别是在本病流行期间，严禁人员往来。

③做好病兔及死兔的处理工作　病死兔应深埋、焚烧。带毒兔应严格隔离，所使用的饲养用具、排泄物等应用1%氢氧化钠溶液彻底消毒。

(2)治疗　本病无特效药物。发生本病时，可采用以下处理措施：

①高免血清治疗　发病后未出现高热时，可每只成年兔注射高免血清4毫升，仔兔及青年兔每只2~3毫升。但若兔群已经出现高热，即使使用高免血清往往效果也不佳。注射血清后7~10天，仍需注射兔病毒性出血症疫苗。

②高剂量注射病毒性出血症疫苗　发生该病时，对未出现发病症状的毛兔采取紧急接种，每只注射2毫升。注射时必须每兔一个针头，以免互相传染，一般5~7天后可控制本病流行。

兔传染性水疱性口炎

兔传染性水疱性口炎俗称流涎病，是由水疱性口炎病毒引起的兔的一种急性传染病。典型特征是口腔黏膜发生水疱并伴有大量流涎,发病率和死亡率均较高,死亡率高达50%。

【流行特点】 本病主要危害3个月龄以内的幼兔,尤其是断奶后1~2周龄的仔兔,成年兔很少发生。病兔是主要的传染源,其口腔分泌物污染饲料、饮水,而导致其他家兔感染。消化道是其主要的传播途径,春、秋季节发病率较高。饲喂发霉变质饲料或带刺的饲料,造成口腔黏膜破损时,易诱发本病。

【临床症状】 本病潜伏期5~7天,典型症状为口腔黏膜发生水疱性炎症,并伴随大量流涎。发病初期唇和口腔黏膜潮红、充血,随后在嘴唇、舌及口腔黏膜其他部位出现粟粒大至黄豆大的水疱,水疱破溃后形成溃疡,引发感染,伴有恶臭。同时,有大量唾液沿口角流下,沾湿唇外、颌下、胸前和前肢的毛,导致这些部位脱毛、炎症。有时可见外生殖器溃疡性损害。发生该病时由于口腔炎症,病兔采食困难,多表现出采食量下降或停止采食,精神沉郁,因而多伴发消化不良、腹泻。病兔日渐消瘦,于发病后2~10天死亡。

【病理变化】 尸体消瘦,口腔黏膜、舌和唇黏膜有水疱、脓疱、糜烂、溃疡,唾液腺等口腔腺体发炎、肿大,咽和喉头部有大量泡沫状液体。胃内有黏稠液体和少量食物,肠道尤其是小肠有卡他性炎症。

【诊 断】 根据流行病学资料、临床症状和病理变化可做出诊断。必要时可以进行病毒分离培养,选用小鼠接种、鸡胚接种或组织培养等方法进行实验室诊断。

【防治措施】

①加强饲养管理,保证饲料质量,严禁使用过于粗糙的饲草饲喂,禁止饲喂发霉变质的饲料。

②病兔可用防腐消毒液(2%硼酸溶液、2%明矾溶液、0.1%高锰酸钾溶液和1%食盐水)冲洗口腔,再用2%碘甘油或冰硼散等

涂搽。

③青霉素干粉直接涂于口腔，剂量不宜过大，以火柴头大小为宜，一般一次即可治愈。

④糖矾粉（白糖和明矾按1：1配合研磨成粉状）直接投入口腔，每次2克，禁水半个小时，一日3次。

⑤全身治疗可口服磺胺二甲嘧啶、磺胺嘧啶，0.2~0.5克/千克体重，每日1次。

⑥健康兔可用磺胺二甲嘧啶预防，5克/千克饲料或0.1克/千克体重口服，每日1次，连用3~5天。

轮状病毒病

本病是由轮状病毒引起的仔兔的一种肠道传染病，典型表现为水样腹泻。

【流行特点】 本病主要危害2~6周龄的仔兔、幼兔，其中尤以4~6周龄的幼兔最易感染，发病率和死亡率均较高。成年兔呈隐性感染，病兔和带毒兔是其主要的传染源。本病为水平传播，消化道是其传播的主要途径。新疫区一旦暴发常呈突然暴发，传播迅速，且不易根除，连年发生。

【临床症状】 本病潜伏期18~96小时。病兔昏睡、食欲减退或废绝，排出半流质或水样粪便。病兔没有体温变化，后肢和会阴常沾有粪便。多数于腹泻后2天内死亡。死亡率可达60%以上。青年兔、成年兔症状不明显，个别兔会出现短暂的食欲不振和排软粪。

【病理变化】 剖检可见小肠，特别是空肠和回肠充血、出血，肠黏膜有大小不一的出血斑，小肠绒毛萎缩，空肠和回肠处绒毛多呈多灶性融合和中度缩短或变钝，肠细胞呈中度扁平状。小肠肠壁变薄、扩张，稀粪呈黄色至黄绿色。结肠淤血，盲肠内含有多量稀薄黏液。肝脏淤血，个别病例伴有肝脏出血。

【诊　断】　本病仅依据病理变化难以判断，应结合流行特点、实验室诊断进行确诊。常用的方法有电镜镜检、病毒分离培养、酶联免疫吸附试验、免疫荧光试验和中和试验等方法。

本病易与大肠杆菌等腹泻疾病相混淆，应注意区分。大肠杆菌病引起的腹泻，粪便中常见胶冻状黏液，并且常呈便秘与腹泻交替出现。

【防治措施】　本病尚无有效的兔用商品疫苗，重点在于加强饲养管理，坚持做好卫生防疫工作。

病兔治疗以纠正体液、电解质平衡失调、防止继发感染为原则。因此，病兔应立即停止喂奶和喂食 24 小时，口服电解多维、糖类，同时用抗生素类药物防止继发感染，内服收敛止泻药物、补液防止脱水。

兔　痘

兔痘是由兔痘病毒引起的，以皮肤出现红斑与丘疹、淋巴结肿大、眼炎为特征的一种急性、热性、高度接触性传染病，皮肤痘疹和鼻、眼内流出多量分泌物是本病的典型特征。

【流行特点】　只有家兔能自然感染发病，各年龄家兔均易感，但幼兔和妊娠母兔致死率较高。病兔为主要传染源，其鼻腔分泌物中含有大量病毒，污染环境，通过呼吸道、消化道、皮肤创伤和交配而感染。本病在兔群中传播极为迅速，常呈地方性流行或散发。死亡率幼兔可达 70%，成年兔为 30%～40%。消灭并隔离病兔不能防止本病在兔群流行，康复兔不带毒。

【临床症状】　新疫区潜伏期 2～9 天，老疫区潜伏期 14 天左右。

(1) **痘疱型**　病初发热至 41℃，流鼻液，呼吸困难。全身淋巴结尤其是腹股沟淋巴结肿大坚硬。同时，皮肤出现红斑，发展为丘疹，丘疹中央凹陷坏死呈脐状，最后干燥结痂，病灶遍布全身皮肤，

但多见于耳、口、腹背和阴囊处。结膜发炎，流泪或化脓，进而发生眼睑炎、化脓性眼炎或溃疡性角膜炎；公、母兔生殖器均可出现水肿，发炎肿胀，妊娠母兔可流产。通常病兔有运动失调、痉挛、眼球震颤、肌肉麻痹的神经症状。一般在发病后1~2周死亡。最急性病例死前仅有发热、不食和眼睑炎症状，而无皮肤痘疹病变。

(2)非痘疱型　食欲废绝、发热、不安，有时有结膜炎和腹泻症状，偶尔在舌和唇部黏膜有少量散在的巨疹。不出现皮肤损害，一般在感染后1周死亡。

【病理变化】　最典型的病变为皮肤痘疹及皮肤水肿、出血、坏死。肺脏有白色坏死结节，肝脏、脾脏肿大，常有坏死灶。睾丸水肿和坏死，子宫常有坏死灶和脓肿。卵巢、淋巴结、肾上腺、甲状腺和心脏等也可见坏死灶。腹膜和网膜可见到灶状丘疹。

【防治措施】

(1)预防　坚持兽医卫生制度，严格消毒、隔离检疫等措施。受疫情威胁时，可用牛痘苗做预防注射。

(2)治疗　本病尚无有效治疗措施，可试用利福平或中药治疗。眼部的病变可用2%硼酸液洗涤，再涂抹胆汁鱼肝油乳剂；口腔、鼻腔内的病灶，可用1%醋酸液、2%硼酸液、1%硫酸液或0.1%高锰酸钾液清洗后涂碘甘油或1%紫药水；皮肤病灶可用温热的1%高锰酸钾液清洗后涂1%~2%石炭酸凡士林软膏。

(二)细菌性传染病

兔多杀性巴氏杆菌病

本病是由多杀性巴氏杆菌引起的一种急性传染病，又称为兔出血性败血症。

【流行特点】　本病多发于春、冬季节，常呈散发或地方性流行。各种年龄、品种的兔均易感，以2~6月龄的兔发病率和死亡率最高。病兔和带菌兔是主要的传染源。多数兔带菌但并不发病。在受到应激时(如长途运输、拥挤、气温突变等),机体抵抗力下降,存在于上呼吸道黏膜和扁桃体内的巴氏杆菌就会繁殖,侵入下部呼吸道,引起肺部病变。呼吸道、消化道、皮肤或黏膜的伤口为本病的主要传播途径。

【临床症状及病理变化】 本病根据兔的抵抗力、细菌的毒力、感染数量和入侵部位不同而表现出多种形式。主要有败血型、地方性肺炎型、鼻炎型、中耳炎型、结膜炎型、生殖器感染和局部皮下脓肿。

(1)败血型 呈急性型经过,病兔精神委靡、食欲丧失、呼吸急促、体温升高到41℃以上,鼻腔流出浆液性、脓性分泌物,有时发生腹泻。死前体温下降,四肢抽搐。病程短者24小时内死亡,较长者1~3天死亡。流行初期病兔常未见任何症状而死亡。

病变:鼻、喉黏膜充血,鼻内有黏性、脓性分泌物。气管黏膜充血、出血,有多量红色泡沫。肺脏充血、出血、水肿,有出血点。心包积液,心内、外膜有出血斑点。肝脏变性,有大量灰黄色坏死点。肠黏膜充血、出血,胸腔、腹腔有淡黄色积液。脾脏、淋巴结肿大、出血。

(2)地方性肺炎型 又称亚急性型,主要表现胸膜肺炎症状,病程可拖延数日甚至更长。病兔体温40℃以上,食欲废绝、精神委顿、腹式呼吸,有时出现腹泻。呼吸道症状十分明显,呼吸急促、困难,鼻孔流出黏液或脓性分泌物,常打喷嚏。伴有结膜炎,并且肿大。最终因衰竭而死。

病变:肺脏出血、充血或脓肿。胸腔积液,胸膜、肺脏常有乳白色纤维素性渗出物附着。鼻腔和气管充血、出血,有黏稠的分泌物。淋巴结发红、肿大。

(3)鼻炎型 鼻孔流出浆液性或白色黏液脓性分泌物,因分泌物刺激鼻黏膜,常打喷嚏。病兔常常用前爪抓擦鼻部,使鼻孔周围被毛潮湿、缠结。有的鼻分泌物与食屑、兔毛混合成痂，堵塞鼻孔，患兔呼吸困难。部分病菌在鼻腔内生长繁殖，毒力增强，侵入肺部，从而导致胸膜肺炎，或侵入血液引起败血症而死亡。

(4)中耳炎型　俗称歪头病或斜颈病。病兔头颈歪向一侧，运动失调。在受到外界刺激时会向一侧转圈翻滚。剖检时在一侧或两侧中耳鼓室内有白色或黄色渗出物。鼓膜破裂时，从外耳道流出炎性渗出物。也可见化脓性内耳炎和脑膜脑炎。

(5)结膜炎　又称烂眼病，多发于青年兔和成年兔。眼睑中度肿胀，结膜发红，有浆液性、黏液性或黏液脓性分泌物。患兔羞明流泪，严重时分泌物与眼周围毛黏结成痂，糊住眼睛，有时可导致失明。

(6)生殖器感染和皮下脓肿　母兔表现为子宫内膜炎，阴道分泌物增多或蓄脓。公兔表现为睾丸炎和附睾炎，阴囊肿胀，触摸内部有不平硬块，有淋漓分泌物。

【诊断与鉴别】　根据发病的流行特点、病理变化、临床症状可做出初步诊断，进一步确诊需进行实验室诊断。另外，本病易与兔出血症、波氏杆菌病、李氏杆菌病、野兔热等疾病相混淆，应注意区别。

与病毒性出血病的区别：多杀性巴氏杆菌多为散发、幼兔多发；兔病毒性出血症是青壮年兔及成年兔多发，哺乳仔兔不发，常呈暴发性，发病率和死亡率高。

与李氏杆菌病的区别：李氏杆菌病，剖检可见肾、心肌、脾有散在的针尖大的淡黄色或灰白色坏死灶，胸、腹腔有多量的渗出液。病料涂片革兰氏染色，镜检，李氏杆菌为革兰氏阳性多形态杆菌。在鲜血琼脂培养基上培养呈溶血，而巴氏杆菌无溶血现象。

与野兔热区别：野兔热疾病剖检可见淋巴肿大，并有针尖大的灰白色干酪样坏死灶。脾脏肿大、深红色，切面有大小不等的灰白色坏死灶。肾和骨髓坏死。病料涂片镜检，病原为革兰氏阴性多形态杆菌，呈球状或长丝状。

与波氏杆菌病的区别：波氏杆菌为革兰氏阴性多形态小杆菌，在鲜血琼脂培养基上培养呈溶血，而巴氏杆菌无溶血现象。

【防治措施】 根据河北农业大学谷子林教授研究，以传染性鼻炎为特征的巴氏杆菌病是一种环境病，其发病规律如下。

①饲养密度 饲养密度越大，发病率越高。反之，低密度饲养，发病率较低。

②兔笼层次 以三层兔笼饲养来看，上层笼饲养的兔子，鼻炎的发生率较高，而底层笼发病率较低。

③兔笼摆放位置 在一个多列式排放的兔舍内，鼻炎的发生特点是靠近北墙和南墙放置的兔笼发病率较高，尤其是冬季靠近南面墙的笼子发病率最高，位于中间放置的兔笼发病率较低。

④饲养方式 室外笼养发病率低于室内笼养，小规模家庭兔场低于大规模兔场。

⑤品种 肉兔的发病率最低，毛兔最高，獭兔居中。

⑥年龄 随着年龄的增加发病率不断提高，尤其是幼兔阶段，鼻炎的感染率和感染速率最大，幼兔到青年兔的过渡期也有较高的易感性。似乎在家兔快速生长发育阶段鼻炎的易感性也高。降低兔群的整体发病率，应从小兔开始，狠抓幼兔和青年兔，严格控制种兔。

⑦季节 传染性鼻炎四季都可发生，除了冬季较重以外，其他季节间的差异表现得并不十分明显。每个季节都有不同的诱发因素。比如，春、秋两季气温不稳定，而夏季高温加重了呼吸系统的负担，冬季寒流和污浊气体（主要是室内养殖）等都可诱发鼻炎的发生，至于哪个季节发病率高与低，主要取决于当时当地诱发因素的刺激强度。

⑧兔场 不同的兔场鼻炎的发病率差异很大，这除了与饲养密度、饲养方式、品种和营养条件以外，主要取决于兔群的基础条

件和管理水平。当一个兔场引进高发病率的兔群时，必然给以后疾病的控制带来难度。一个管理不当的兔场，鼻炎及其他疾病的比例自然上升。因此，控制本病，环境是关键。而在环境控制中，通风换气、湿度和饲养密度是关键要素。

（1）预防　建立无多杀性巴氏杆菌的种兔群是预防本病的最好方法。坚持自繁自养，如引入兔子时，必须隔离观察 1 个月，并进行细菌学和血清学的检查，健康者方可混群饲养；兔场定期进行检疫，及时清理、淘汰打喷嚏、患鼻炎、中耳炎和脓性结膜炎的病兔；定期注射多杀性巴氏杆菌活疫苗，每年 2~3 次，病情严重的兔场可以加强免疫；定期用 3%来苏儿或 2%火碱溶液对兔舍及用具进行消毒；定期将微生态制剂喷洒粪沟，降低兔舍内有害气体浓度。

（2）治疗　可用青霉素类、广谱抗生素等进行治疗。链霉素：每千克体重 2 万~4 万单位，肌内注射，每日 2 次，连用 5 天。

青霉素、链霉素联合注射，每兔用青霉素 2 万~5 万单位、链霉素 5 万~10 万单位，混合后肌内注射，每日 2 次，连用 3 天。

磺胺二甲嘧啶，口服，首次用量 0.2 克/千克体重，维持量减半，每日 2 次；肌内注射或静脉注射时 0.06 克/千克体重，每日 2 次，连用 4 天。为提高治疗效果可在用药同时使用等量的碳酸氢钠。

抗巴氏杆菌血清，皮下注射，6~8 毫升/千克体重，8~10 小时后重复注射 1 次。

建议有条件的兔场先进行药敏试验，针对性地用药。

支气管败血波氏杆菌病

本病是由支气管败血波氏杆菌引起的一种以鼻炎、肺炎为特征的家兔常见传染病。

【流行特点】　各品种、各年龄的兔均易感染本病，一般多表现为慢性经过，急性败血性死亡较少。多发生于春、秋气候多变的季节，密闭式兔舍冬季通风不良时也有流行。主要传播途径为呼吸道，病兔鼻腔分泌物可污染饲料、饮水、笼舍和空气或随着咳嗽、喷嚏飞沫传染给健康兔。常与巴氏杆菌、李氏杆菌病并发。

【临床症状】 本病可分为鼻炎型、支气管肺炎型和败血型3种类型，其中鼻炎型最为常见。

(1)鼻炎型 病兔流出黏液性或浆液性鼻液(通常不呈脓性)。常与巴氏杆菌伴发。病程短，消除诱发因素后即可康复。

(2)支气管肺炎型 多呈散发，以鼻炎长期不愈为特征。病兔流出黏液性至脓性鼻液，呼吸困难，食欲不振，逐渐消瘦。常呈犬坐姿势，多发生于成年兔。幼兔多发生在出生后15天，病程短，常在发病后12~24小时死亡。妊娠母兔常在妊娠后期或分娩代谢等代谢增强时死亡。

(3)败血型 由于细菌侵入血液生长、繁殖而引起败血症，此类型较为少见，病兔往往表现为突然死亡。多发生于青年兔和仔兔。

【病理变化】 鼻炎型病例可见鼻腔黏膜、支气管黏膜充血，并有多量黏液。肺炎型主要表现肺部炎症、出血，有大小不一的脓疱，切开脓疱可流出白色奶油状脓液。脓疱可占到肺体积的90%以上。个别可在肾脏上看到脓疱，公兔睾丸上有脓疱，哺乳仔兔除肺部有脓疱外，还可引起心包炎，心包内有黏稠、奶油样的白色脓液。

【诊断与辨别】 根据流行病学、临床症状和病理变化只能做出初步判断。确诊需做波氏杆菌的分离鉴定，结合生化试验，波氏杆菌为呼吸性代谢，不发酵任何糖类，不分解碳水化合物，MR、VP和吲哚试验阴性，氧化酶、触酶阳性，尿酶阳性。本病还应注意与巴氏杆菌病、绿脓杆菌病相鉴别。

诊断要点：病程长，久治不愈；鼻腔有分泌物，严重者分泌物为

乳白色;剖检以气管黏膜充血与出血、肺脏和胸肋膜脓疱为特征,胃及肝脏表面有灰白色假膜。

与巴氏杆菌病的区别:巴氏杆菌除引起急性败血症死亡以外,还可以引起胸膜炎,并以胸腔积脓为特征,很少单独引起肺脓疱。

与绿脓杆菌病相区别:绿脓杆菌病与波氏杆菌病,肺和其他一些器官均能形成脓疱,但脓疱的脓汁颜色不同,绿脓杆菌病的脓汁颜色呈淡绿色或褐色,而波氏杆菌病脓汁的颜色为乳白色。

【防治措施】

(1)预　防

①加强饲养管理,消除本病的诱发因素,保持兔舍良好通风,舍内适宜的温度和湿度。

②兔舍经常进行消毒,对有发病史的兔场以火焰消毒效果最好。对腾空兔舍,也可采用40%甲醛熏蒸。

③经常检查兔群,及时淘汰流鼻液、打喷嚏及呼吸困难、急促的病兔。死兔禁止剥皮、吃肉,要深埋或焚烧。

④定期注射波氏杆菌氢氧化铝灭活疫苗,每只兔皮下注射1毫升,7天后可产生免疫力,免疫期4~6个月。

(2)治疗　庆大霉素,2.5~4.5毫克/千克体重,肌内注射,每日2次,连用3~5天。

卡那霉素,5毫克/千克体重,肌内注射,每日2次。

硫酸卡那霉素,每只兔肌内注射1毫升,每日2次,连用3天。

产气荚膜梭菌病

本病也称为魏氏梭菌病,是由A型产气荚膜梭菌及其产生的毒素引起的一种急性、高死亡性的兔胃肠道疾病。其主要发病特征为剧烈腹泻、水样稀粪,是危害养兔业的重要疾病之一。

【流行特点】　除哺乳仔兔以外,不同年龄、品种、性别的家兔对本病均易感染,断奶后的幼兔和青年兔的发病率较高。一年四季均可发生，其中又以春、秋、冬3个季节多发。消化道是其主要途径，各种应激因素如长途运输、青粗饲料短缺、饲料配方更换、长期饲喂抗生素或磺胺类药物、气温骤变等均为本病的诱发因素。

【临床症状】 急性病例突然发作，急剧腹泻，很快死亡。有的病兔发病后精神沉郁，不食，喜饮水；粪便有特殊腥臭味，呈黑褐色或黄绿色，污染臀部和后腿；外观腹部臌胀，轻摇兔身可听到"咣当咣当"的拍水声。提起患兔，粪水即从肛门流出。患病后期，可视黏膜发绀，双耳发凉，肢体无力，严重脱水。发病后最快的在几小时内死亡，多数当日或次日死亡，少数拖至1周后死亡。

【病理变化】 剖检腹腔可闻到特殊的腥臭味，胃内充满食物，胃黏膜脱落，多处有出血斑和溃疡斑；小肠充气，肠管薄而透明；盲肠浆膜和黏膜有弥漫性充血和条纹状出血，内充满褐色内容物和酸臭气体；肝脏质脆，胆囊肿大，心脏表面血管怒张呈树枝状充血；膀胱多数积有浓茶色尿液。

【诊断及鉴别】 根据临床症状可初步诊断本病。诊断依据：各种年龄兔均发病，但以1~3月龄幼兔多发，饲料配方突然变化、饲喂量突然增加、气温突变、长期饲喂抗生素等应激因素均可诱发；急性腹泻后迅速死亡；胃黏膜脱落、溃疡，盲肠出血；抗生素治疗无效等。

本病应与泰泽氏病、球虫病、轮状病毒病、沙门氏菌病等其他腹泻疾病相区分：轮状病毒病主要发生于4~6周龄的幼兔；球虫病多发于断奶至3月龄的兔，肠内容物和一些坏死结节中含有较多的球虫卵囊；沙门氏菌病会伴有母兔的流产；泰泽氏病可在受害组织细胞浆中看到毛样芽孢杆菌。

【防治措施】 本病尚无有效治疗方案，因此预防是杜绝本病的首选措施。

（1）加强饲养管理，减少应激刺激 饲料中必须有足够的粗饲料，保证粗纤维水平，变换饲料要逐步进行。气候多变季节要采取措施保持兔舍温度相对稳定。

(2)规范用药　预防兔群疾病,切忌不能长期大量使用抗生素类药物。

(3)定期接种　定期对兔群进行兔 A 型魏氏梭菌氢氧化铝灭活苗的预防接种,每年 2 次。

发病后的处理:

①增加饲料中粗饲料的比例,降低蛋白质和能量饲料的比例,控制喂量;②病兔口服益生素;③一旦发生本病,应立即隔离或淘汰病兔和可疑兔,兔舍、兔笼和用具用 3%热烧碱水消毒,污物和死兔烧毁或深埋;④高免血清治疗,首先皮下注射 0.5~1 毫升,5~10 分钟后,用 5 毫升血清加 5%糖盐水 10~15 毫升混匀,耳静脉注射。视病情轻重可以每日使用 1~2 次,通常 2 天即可停止腹泻。

葡萄球菌病

葡萄球菌病是由金黄色葡萄球菌引起的兔的一种常见病,表现形式多样,主要有乳房炎、局部脓肿、脓毒败血症、黄尿病、脚皮炎等。

【流行特点】　金黄色葡萄球菌分布广泛,空气、饲料、饮水、土壤、动物皮肤、黏膜、扁桃体等均有寄生,能够感染人和各种动物,但兔的易感性最强。各种年龄、品种的兔均易感染。传播途径多样,可通过飞沫传播,也可通过表皮或黏膜的伤口传播,还可以通过乳头感染。一年四季均可发病,无明显的季节性。

【临床症状】

(1)脓肿　原发性脓肿位于皮下或内脏,兔体皮下、肌肉或内脏器官可形成一个或数个大小不一的脓肿。手摸时兔有痛感,脓肿稍硬,后逐渐柔软有波动感,局部坏死、破溃,流出浓稠乳白色脓液。病兔精神、食欲正常。但发生脓肿的部位功能会受到影响。如发生在口周围影响采食,发生在腿部则引起跛行,子宫内脓肿会

引起不孕。发生在内脏器官时,可引起脓毒败血症,并在多脏器发生转移性脓肿或化脓性炎症。

(2)仔兔脓毒败血症 仔兔在出生后2~3天皮肤发生粟粒大的脓疱,脓汁呈白色奶油状,病兔多在2~5天以败血症的形式死亡。暂时未死亡的兔脓疱扩大,或自行溃破,生长缓慢,形成僵兔。

(3)乳房炎 急性弥漫性乳房炎初期表现乳房局部红肿,随后迅速向整个乳房蔓延,红肿,局部发热,较硬,逐渐变为紫红色。患兔拒绝哺乳,后逐渐转为青紫色,体表温度下降,有部分兔因败血症死亡。

局部乳房炎初期乳房局部发硬、肿大、发红、体表温度高,进而形成脓肿,脓肿成熟后,表皮破溃,流出脓汁。有时局部化脓呈树枝状延伸,手术清除脓汁较困难。

(4)黄尿病 仔兔因吮食患有乳房炎母兔的乳汁或通过其他途径感染金黄色葡萄球菌,引起急性肠炎。患病仔兔肛门周围及后躯被毛潮湿、发黄,粪便腥臭,一般于发病后2~3天死亡,往往整窝发病。

(5)脚皮炎 多发生于体重大的兔,患病初期病兔足底表皮充血、红肿脱毛、发炎,有时化脓。病兔左、右两后肢不断交替负重,躁动不安,形成溃疡面后经久不愈。严重时四肢均有发病。病兔食欲减少,日渐消瘦,死亡或转为败血症死亡。

【病理变化】 剖检可见多处有化脓病灶,广泛分布于皮下、肌肉、乳房、关节、心包、胸腔、腹腔、睾丸、附睾及内脏器官。大多数化脓灶均有结缔组织包裹,脓汁黏稠,乳白色呈膏状。

【诊断要点】 根据皮肤、乳腺、内脏器官脓肿等临床症状可以初步诊断,确诊本病需做进一步的实验室诊断,镜检、病原菌分离,也可进行动物接种试验等。

【防治措施】

(1)预防 清除兔笼内一切带有尖刺的物品,防止外伤形成。

受外伤时要及时进行消毒处理。分娩前后的母兔适当减少精饲料和多汁饲料的饲喂。

(2)治　疗

①皮下脓肿　发病初期可以注射青霉素，当长成脓疱时，应待其成熟，在破溃前切开皮肤，挤出脓汁，用3%过氧化氢溶液冲洗，再用0.1%高锰酸钾溶液或0.1%雷佛奴尔溶液清洗脓腔，擦净后，内撒青霉素，隔日换1次药。

②仔兔脓毒败血症　早期给母兔口服磺胺噻唑0.2~0.3克，每日2次，母兔产前、产后24小时内口服磺胺二甲嘧啶0.2~0.3克，或庆大霉素4万单位肌内注射，每日2次，也可用青霉素每千克体重4万单位肌内注射，连用3~5天。

③乳房炎　乳房开始红肿时可以进行冷敷，若体表温度不高，可改为热敷。在发病区域多点大剂量注射青霉素、庆大霉素或卡那霉素，每日2次。若体表温度下降、变成青紫色，应用热敷加按摩，促进血液循环。

④黄尿病　将体质较好的仔兔皮下注射青霉素等抗生素，每日2次，直至康复。

⑤脚皮炎　消除患部污物，用消毒药水清洗，去除坏死组织及脓汁等，涂以消炎粉、青霉素粉或其他抗菌消炎软膏，用纱布将患部包扎，再用软的铝皮包扎起来，以免磨破伤口，每周换药2~3次，置于较软的笼底板上或带松土的地面上饲养，直至患部伤口愈合，被毛较长足以保护皮肤时，解除绷带，送回原笼饲养。

⑥全身治疗　可以使用青霉素Ⅱ，10~15毫克/千克体重，肌内注射，每日2次，连用4天。

沙门氏菌病

兔沙门氏菌病是由鼠伤寒沙门氏菌和肠炎沙门氏菌引起的一种消化道疾病，也称为副伤寒。败血症、急性死亡、腹泻、流产为本病的主要特征。其中,幼兔多因腹泻和败血症死亡,妊娠母兔主要表现为流产。

【流行特点】 本病常发生于断奶幼兔和妊娠25天后的母兔,传播途径有两种:一是健康家兔采食被病兔或鼠类污染的饲料和饮水;二是应激条件导致兔抵抗力下降,健康兔肠道内寄生的病原菌乘机繁殖且毒力增强从而导致发病。

【临床症状】 本病潜伏期3~5天,除少数兔表现突然死亡外,多数病兔表现腹泻,排出有泡沫的黏液性粪便,体温升高,精神不振。食欲下降,饮欲增加,最后呈现极度衰弱而死亡。母兔从阴道排出黏液或脓性分泌物,阴道黏膜潮红、水肿。妊娠母兔常于流产后死亡,未死的康复兔不易再受胎。流产的胎儿多数已发育完全,胎儿体弱,皮下水肿,很快死亡。未流产的胎儿常发育不全或木乃伊化,有的病例胎儿发生液化。

【病理变化】 突然死亡的病兔呈败血症病理变化,多数内脏器官充血,有出血斑块。胸腹腔内有多量浆液或纤维素样渗出物。急性腹泻者肠黏膜充血、出血,肠道充满黏液或黏膜上有灰白色粟粒大的坏死灶。肝脏上有弥散性或散在的针尖大的坏死点,心肌上有时可见到颗粒状结节。

母兔子宫肿大,子宫壁增厚,并伴有化脓性子宫炎,局部黏膜覆盖一层淡黄色纤维素性污秽物,并有溃疡。

【诊　断】 根据临床症状如腹泻、母兔流产、内脏病变可做出初步诊断,确诊需做进一步细菌学与血清学检查。

与大肠杆菌病的区别:兔副伤寒疾病引起兔的腹泻粪便为泡沫状,母兔流产,盲肠、圆小囊有粟粒状灰白色结节,肝脏亦有灰白色坏死病灶。而大肠杆菌除特有的胶冻状黏液外,则没有这些生理变化。

与伪结核病的区别:伪结核病也能够见到盲肠蚓突、圆小囊、肝脏浆膜上的灰白色结节,但伪结核病的结节扩散融合后可形成片状，显著肿大，呈黄白色，而蚓突呈腊肠样，质地硬，脾脏也显著肿大，结节有蚕豆大，而副伤寒病无上述特征。另外，副伤寒病可发生阴道炎和子宫炎而引发流产，伪结核病不会导致上述症状。

【防治措施】

(1)预防　加强兔场管理，彻底消灭老鼠、蚊蝇。妊娠前和妊娠初期母兔注射鼠伤寒沙门氏菌灭活苗，每兔皮下注射 1 毫升。定期用鼠伤寒沙门氏菌诊断抗原普查带菌兔，对阳性者进行隔离。

(2)治疗　氟苯尼考，口服，20~30 毫克/千克体重，每日 2 次，连用 3~5 天。

急性病兔可用 5%糖盐水 20 毫升加庆大霉素 4 万单位，缓慢静脉注射，每日 1 次，并用链霉素 50 万单位肌内注射。

大蒜汁，每只每次口服 5 毫升，每日 3 次，连用 5 天。

车前草、鲜竹叶、马齿苋、鱼腥草各 15 克，煎水拌料喂服。

大肠杆菌病

大肠杆菌病是由致病性大肠杆菌及其分泌的毒素引起的一种肠道传染病。具有发病急、死亡率高的特征，排出水样或胶冻样粪便、脱水是发病家兔的典型表现。

【流行特点】　本病一年四季可发，主要感染 1~4 月龄的家兔，饲养管理不当、气候突变等应激因素是本病的诱因。一旦发生本病，常因场地、笼具的污染而引发大的流行，造成仔兔、幼兔的大量死亡。

【临床症状】　最急性病例常常看不到任何症状而突然死亡。急性病例病程很短，一般在 1~2 天死亡。亚急性病例一般在 7~8 天死亡。

病兔体温正常或稍低，精神沉郁，食欲下降，随后腹泻。被毛粗乱，脱水，消瘦。腹部臌胀。将兔体提起摇动时可听到拍水声。腹泻和便秘交替出现，常有大量明胶样淡黄色黏液和附着有该黏液的两头尖的粪便排出,有时带有黏液粪球与正常粪球交替排出,随后出现混有黏液的剧烈腹泻。当粪便排空后,肛门努责并排出大量胶样黏液或细小粪便。此时病兔四肢发冷、磨牙、流泪。

【病理变化】 胃膨大,充满多量液体和气体。十二指肠充满气体和混有胆汁的黏液。空肠扩张,充满半透明或淡黄色胶样液体和气泡。回肠内容物呈胶样。结肠扩张。有些病例可见结肠和盲肠黏膜水肿,充血或有出血斑点。初生病兔胃内充满白色凝乳物,并伴有气体,小肠肿大,充满半透明胶样液体并有气泡。膀胱内充满尿液。

【诊　断】 根据流行特点和临床症状可做出初步诊断,确诊必须做细菌学检查。应注意与魏氏梭菌病、球虫病相区别。

与魏氏梭菌病的区别:魏氏梭菌病发生时呈剧烈水样腹泻、粪便腥臭呈绿色,剖检可见胃黏膜脱落、胃溃疡、盲肠黏膜出血等特征;而大肠杆菌病以腹泻和便秘交替出现、胶冻状粪便为特征。

与球虫病的区别:球虫病发生时镜检可见到小肠内容物有球虫卵囊,小肠出血、盲肠、蚓突及圆小囊有灰白色坏死结节,肝脏上也可见到灰白色坏死病灶。

【防治措施】

(1)预防 大肠杆菌为条件性致病菌,在日常饲养管理中,减少应激是预防本病发生的首要措施;提高饲养水平,增强仔兔的抵抗力,保证饲料质量和安全;饲料中添加 0.5%~1%微生态制剂,连用 5 天,停 10~15 天再用 5 天,如此反复应用,可减少发病率和死亡率,并有提高增重促生长作用;对发病兔场,用本场分离的大肠杆菌制成氢氧化铝甲醛灭活疫苗进行预防接种,一般 20~30 天的仔兔每只皮下注射 2 毫升有一定效果,一旦发现并兔,应立即隔离、彻底消毒。

(2)治疗 庆大霉素肌内注射,5~7 毫克/千克体重,每日 2 次,连用 2~3 天。

卡那霉素肌内注射，10～20 毫克/千克体重，每日 2 次，连用 2～3 天。

皮肤真菌病

皮肤真菌病是由真菌毛癣霉或小孢子霉引起的一种高度接触性、传染性极强的皮肤传染病。

【流行特点】　本病一年四季均可发生，尤以春、秋换毛季节多发。各年龄兔均易感染，其中幼兔较成年兔易感，温暖、潮湿、污秽的环境条件可促进本病的发生。主要通过患病兔与健康兔的接触传播，也可通过饲养工具及饲养员而间接传播。

【临床症状】　皮肤炎症、不规则的块状或圆形脱毛、断毛为本病的特征病变。发生部位多在头部、口、眼周围、耳朵、四肢、颈后、胸腹部；患部皮肤表面有麸皮样外观，覆盖有灰白色或黄色糠麸状痂皮，断毛不均匀。患部有炎性变化，最后形成溃疡。病兔巨痒，骚动不安，采食量下降，逐渐消瘦。

【诊　断】　根据流行病学和临床症状等可对皮肤真菌病做出初步判断，确诊有待于病原真菌的培养、分离与鉴定。

【防治措施】

(1)预　防

①保持兔舍、兔笼干净无菌是预防本病的关键，定期对兔笼、兔舍消毒，兔舍空置时可采用火焰喷灯灼烧，40%甲醛熏蒸效果更好。

②用克霉唑溶液对初生乳兔进行全身涂搽 1～2 次可以有效防止该病发生。

③发现本病应及时隔离，最好做淘汰处理，并对其所在笼位及周围环境用 2%氢氧化钠溶液或火焰进行彻底消毒。

(2)治　疗

①先剪去患部的毛，然后用 3%来苏儿与碘酊等量混合，每日

于患部涂搽2次,连用3~4天。

②用硝酸咪康唑软膏外涂,每日2次,连用3~5天。

③用克霉唑溶液对患部进行涂擦,每日1次,连用4天。

(三)寄生虫病

球虫病

兔的球虫病是由艾美尔球虫引起的一种常见且危害严重的内寄生虫病。断奶前后的幼兔腹泻、消瘦甚至死亡是该病的主要特征,我国将兔球虫病列为二类动物疫病。

【流行特点】 本病全年可发,南方早春季节、梅雨季节发生率高,北方一般在7~8月份发生率较高。各品种的兔对本病均易感,成年兔因抵抗力强,即使感染也能耐过。断奶至3月龄的兔最易感,死亡率高达80%左右。本病主要通过消化道传播,污染的饲料、饮水、笼具都可以传播球虫病。

【临床症状】 根据发病部位不同,球虫病可以分为肝型、肠型和混合型。肝型球虫病的潜伏期为18~21天,肠型球虫病的潜伏期多为5~11天。

肠型多呈急性经过,主要侵害30~60日龄的幼兔,发病后突然倒下,颈背和两后肢肌肉痉挛,头向后仰,两后肢伸直划动,发出惨叫,迅速死亡。

肝型腹围增大、病兔厌食、消瘦、口腔及眼结膜轻度黄疸,往往出现神经症状,肝脏肿大,触诊有痛感,除幼兔严重感染外,很少死亡。

混合型发病初期食欲降低,后废绝。时常伏卧,虚弱消瘦。眼睛分泌物增多。腹泻或便秘与腹泻交替出现,病兔尿频或常呈排尿姿势,腹围增大,肝区触诊疼痛。结膜苍白,有时黄染。幼兔有时出现神经症状,四肢痉挛、麻痹,因极度衰竭而死亡。

【病理变化】

(1)肠型 肠壁血管出血、充血,十二指肠扩张、肥厚,黏膜发炎、肿胀、充血、出血,小肠充气,内积红色黏液。慢性兔肠黏膜呈淡灰色,并有许多小而硬的白色结节和小的化脓性坏死病灶,肠系膜淋巴结肿大,膀胱积有黄色浑浊性尿液。膀胱黏膜脱落。

(2)肝型 可见肝肿大,表面有数量不等和大小不一的白色或淡黄色结节,呈圆形,如栗粒大至豌豆大,沿胆小管分布。慢性者胆管周围和肝小叶间的结缔组织增生,使肝细胞萎缩,肝脏体积缩小,肝硬化。胆囊黏膜发炎充满浓稠色淡的胆汁,腹腔积液等。

(3)混合型 兼具上述两种症状。

【诊　断】 根据流行病学、临床症状和病理变化可做出初步诊断,确诊需进一步做实验室诊断。镜检卵囊可采取肠黏膜的白色小结节、肝脏的白色结节压片检查,或取粪便直接涂片检查,必要时取粪便用饱和盐水漂浮法检查卵囊。

【防治措施】

(1)预防 加强兔场管理,成年兔和小兔分开饲养,断奶后的幼兔要立即分群,单独饲养。保证饲料新鲜及清洁卫生,饲料应避免粪便污染,每日清扫兔笼及运动场上的粪便,定期消毒。药物预防,可用氯苯胍、地克珠利、磺胺类药物等进行预防。

(2)治疗 磺胺二甲嘧啶,0.15~0.2 克/千克体重,口服,每日 1 次,连用 3~5 天。

磺胺氯吡嗪钠,按 300 毫克/升浓度饮水,连用 3~5 天。

氯苯胍,30 毫克/千克体重混入饲料中,连用 5 天;隔 3 天后,再用 1 个疗程。

盐霉素,按 50 毫克/千克浓度混入饲料中,连用 1 个月,对兔球虫病有预防作用。盐霉素安全范围较窄,使用时一定要严格药量,充分搅拌,防止中毒。

兔螨病

兔螨病也称疥癣或生癞，是由各种螨寄生于兔皮肤表面而导致的一种外寄生虫病。侵害兔体的螨主要有痒螨和疥螨两类，痒螨包括兔痒螨和兔足螨，疥螨包括兔疥螨和兔背肛螨。痒螨病也叫耳疥癣，由痒螨寄生于耳朵引起，疥螨病也叫身癣，由疥螨寄生引起的。

【流行特点】 多发于冬、秋季节，日光不足，阴雨潮湿，最适宜螨的生长繁殖和促进本病蔓延。幼兔比成年兔患病严重，兔的疥螨病为人兽共患病。可通过病兔与健康兔的直接接触传播，也可经笼具、饲槽等间接传播。

【临床症状】 痒螨病主要寄生于兔的外耳，引起外耳道炎。渗出物干燥后结成黄色痂皮，如纸卷样，有的耳边有结痂。病兔烦躁不安，耳下垂，不断摇头晃脑，用脚抓搔耳朵。如虫体向耳内进入内耳、脑部，则出现神经症状。病兔逐渐消瘦而死。

疥螨病主要寄生于爪、掌面、鼻尖、口等被毛少的部位。螨虫靠表皮细胞组织和淋巴为营养，在真皮层挖掘隧道。代谢产生的毒物，刺激兔的神经末梢产生剧痒。病兔往往用嘴啃咬患部，皮肤充血、发炎，渗出物干涸形成厚的痂皮。病程长者衰竭、瘦弱而死。

【诊　断】 根据临床症状和流行特点可初步确诊，进一步确诊需进行实验室检查。当怀疑为痒螨病时用刀片轻轻刮取兔外耳道患部表皮的湿性或干性分泌物；当怀疑为疥螨病时在患部与健部交界处用手术刀刮取痂皮，直至微见出血为止，将刮到的病料装入试管内，加入 10%氢氧化钠(钾)溶液，煮沸，待毛痂皮等固体物大部分溶化后静置 20 分钟，由管底吸取沉渣，滴在玻片上，用低倍显微镜检查，也可将病料置于玻片上，滴煤油数滴，另加一片搓碎病料后于低倍镜检查活虫，还可将病料倒在一张黑纸上或稍加热，肉眼或用放大镜观察，可以看到螨虫体在黑纸上爬行。

【防治措施】

(1)预防　保持笼舍内清洁、干燥、通风。夏季应注意防潮，防止湿度过大。清理粪便、勤换垫草，加强饲养管理，增强兔体健康。兔舍、兔笼定期消毒，可选用10%～20%生石灰水等。

(2)治疗　兔场一旦发生，很难根治，最佳选择是对病兔进行淘汰。

伊维菌素或阿维菌素注射液，0.2毫克/千克体重，皮下注射，间隔7～10天重复1次。

塞拉菌素，可在患部局部使用，18毫克/千克体重，一次即可，也可在30天后再用药1次。

三氯杀螨醇，与植物油按5%～10%的比例混匀后涂于患部1次即愈。

鲜百部，100～150克，切碎加75%酒精或烧酒100毫升浸泡1周，去渣后涂擦患部。

豆状囊尾蚴病

豆状带绦虫的中绦期幼虫豆状囊尾蚴寄生于家兔等啮齿类动物的肝脏包膜、大网膜、肠系膜等处所引起的一种绦虫蚴病。

【流行特点】　成虫寄生于犬、猫或其他野生肉食动物小肠内，随粪便排出孕节和虫卵，污染饲料、饮水，当兔采食被污染的饲料或饮水时，卵内的六钩蚴孵出并钻入肠壁血管，随血流到达肝实质后逐渐移行到肝表面，最后到达大网膜、肠系膜及其他部位的浆膜发育为豆状囊尾蚴。因犬等肉食动物为其终末宿主，因此饲养犬的养殖场发病率较高。

【临床症状】　因感染轻重程度不同，临床症状表现不一。轻度感染，临床表现不明显。随着感染的强度增大，家兔可表现为食欲不佳，腹胀，消瘦，被毛粗乱，发育慢，贫血等。球粪小而硬，有的出现黄疸、有的发生腹泻，有的可见轻度后肢瘫痪，急性发作病理可突然死亡。

【病理变化】 兔体多消瘦，皮下水肿，腹腔有大量液体，在胃、肠网膜、肝、肾及腹壁上可见数量不等的黄豆大小的灰白色透明囊泡，囊泡内充满液体，中间有白色头节，似葡萄串状。肝实质有幼虫移行的痕迹。急性肝炎病兔可见肝脏表面和切面有黑红色或黄白色条纹状病灶。

【诊　断】 仅凭临床症状难以做出判断，可用间接红细胞凝集试验诊断。剖检发现豆状囊尾蚴可做出确诊。

【防治措施】

(1)预防 兔场周围严禁饲养狗猫，防止饲料、饲草、饮水被狗猫粪便污染；病兔内脏不要生喂狗猫；定期驱虫，吡喹酮 5 毫克/千克体重一次口服，并对驱虫后的粪便严格消毒。

(2)治疗 吡喹酮：100 毫升/千克体重口服，每日 1 次，连用 2~3 天。

丙硫咪唑，40 毫克/千克体重，一次口服，连用 3 天。隔 7 天后再次用药，共用 3 个疗程。

附红细胞体病

兔附红细胞体病是由附红细胞体寄生于兔的红细胞表面、血浆及骨髓等部位所引起的一种传染病。附红细胞体既有原虫特点，又有立克次体的特征，长期以来其分类地位不能确定。

【流行特点】 该病的发生有明显的季节性，多在温暖季节，尤其是吸血昆虫大量孳生繁殖的夏、秋季节感染，母子胎盘传播是另外一种主要传播途径。表现隐性经过或散在发生，但在应激因素如长途运输、饲养管理不良、气候恶劣、寒冷或其他疾病感染等情况下，可使隐性感染的家兔发病，症状较为严重。该病成年家兔以泌乳中期的母兔为甚，发病率可达 30%~50%，死亡率可达发病数的 50%以上。断奶小兔更为严重，发病率可达 50%以上，死亡率可达发病数的80%以上。

【临床症状】　家兔尤其是幼兔临床表现为一种急性、热性、贫血性疾病。患兔体温升高，39.5℃～42℃，精神委顿，食欲减少或废绝，结膜苍白，转圈，呆滞，四肢抽搐。个别家兔后肢麻痹，不能站立，前肢有轻度水肿。乳兔不会吃奶。少数病兔流清鼻涕，呼吸急促。病程一般3～5天，多的可达1周以上。病程长的有黄疸症状，粪便黄染并混有胆汁，严重的出现贫血。血常规检查，家兔的红、白细胞数及血色素量均偏低。淋巴细胞、单核细胞、血色指数均偏高。一般仔幼兔的死亡率高，耐过的小兔发育不良，成为僵兔。妊娠母家兔患病后，极易发生流产、早产或产出死胎。

根据病程长短不同，该病分成3种病型。

(1)急性型　此型病例较少。多表现突然发病死亡，少数死后口鼻流血，全身红紫，指压褪色。有的患病家兔突然瘫痪，禁食，痛苦呻吟或嘶叫，肌肉颤抖，四肢抽搐。

(2)亚急性型　患病家兔体温升高可达42℃，死前体温下降。病初精神委顿，食欲减退，饮水增加，而后食欲废绝，饮水量明显下降或不饮。患病家兔颤抖，转圈或不愿站立，离群卧地，尿少而黄。开始兔便秘，粪球带有黏液或黏膜，后来腹泻，有时便秘和腹泻交替出现。后期病兔耳朵、颈下、胸前、腹下、四肢内侧等部位皮肤有出血点。有的病兔两后肢发生麻痹，不能站立，卧地不起。有的病家兔流涎，呼吸困难，咳嗽，眼结膜发炎。病程3～7天，死亡或转为慢性经过。

(3)慢性型　隐性经过或由亚急性转变而来。有的症状不十分明显。有些病程较长，逐渐消瘦，近年体质较弱的泌乳母兔该类型较多，采食困难，出现四肢无力，爬卧不动，站立不稳，浑身瘫软的症状。如果得到及时的治疗和照料，部分可逐渐好转。

【病理变化】　剖检急性死亡病例，尸体一般营养症状变化不明显，病程较长的病兔尸体表现异常消瘦，皮肤弹性降低，尸僵明显,可视黏膜苍白、黄染并有大小不等暗红色出血点或出血斑,眼角膜混浊、无光泽。皮下组织干燥或黄色胶冻样浸润。全身淋巴结肿大,呈紫红色或灰褐色,切面多汁,可见灰红相间或灰白色的髓样肿胀。

血液稀薄、色淡、不易凝固。皮下组织及肌间水肿、黄疸。多数有胸腔积液和腹腔积液,胸腹脂肪、心冠沟脂肪轻度黄染。心包积水,心外膜有出血点,心肌松弛,颜色呈熟肉样,质地脆弱。肺脏肿胀,有出血斑或小叶性肺炎。肝脏有不同程度肿大、出血、黄染,表面有黄色条纹或灰白色坏死灶,胆囊膨胀,胆汁浓稠。脾脏肿大,呈暗黑色,质地柔软,切面结构模糊,边缘不齐,有的脾脏有针头大至米粒大灰白色或黄色坏死结节。肾脏肿大,有微细出血点或黄色斑点,肾盂水肿,膀胱充盈,黏膜黄染并有少量出血点。胃底出血、坏死,十二指肠充血,肠壁变薄,黏膜脱落。空肠炎性水肿,如脑回状。其他肠段也有不同程度的炎症变化。淋巴节肿大,切面外翻,有液体流出。

【实验室诊断】 取活兔耳血或死亡患兔心脏血一滴于载玻片上,加 2 滴生理盐水后混匀,置 400 倍显微镜下观察,可见受到损伤的红细胞及其附着在红细胞上的附红细胞体。被感染的红细胞失去原有的正常形态,边缘不整而呈齿轮状、星芒状、不规则多边形等。

【防治措施】

(1)预防 在发病季节,消除蚊虫滋生地,加强蚊虫杀灭工作;注射是传播途径之一,在疫苗注射或药物注射时,坚持注射器的消毒和一兔一针头;保持兔体健康,提高免疫力,减少应激因素,对于降低发病率有良好效果。

(2)治 疗

血虫净(或三氮咪,贝尼尔),5~10 毫克/千克体重,用生理盐水稀释成 5%溶液,肌内注射,每日 1 次,连用 3 天。

弓红链克，5 毫克/千克体重，肌内注射，每日 1 次，连用 2~3 天。

红弓链 914，按 1~2 克/千克浓度混入饲料中，每日 2 次，连用 3 天。

复方磺胺间甲氧嘧啶钠注射液，0.1 毫升/千克体重，肌内注射，每日 1 次，连用 2~3 天。

(四)普通病

腹泻病

兔的腹泻病泛指临床上具有腹泻症状的疾病，各种年龄的兔均可发生腹泻病，但以断奶前后的幼兔发病率最高。粪便不成形、稀软、呈粥样或水样是本病发生的主要表现。

【病　因】　引发腹泻的原因多种多样，如前面述及的传染病、寄生虫病均能引起腹泻，故这里主要对消化障碍为主的疾病如消化不良、胃肠炎等进行介绍。导致胃肠道疾病而引起腹泻的原因主要有：饲料配合不当，尤其是在生产中过分强调精料，导致精饲料比例过高，粗纤维含量过低；饲料品质差，在饲料配合过程中饲料中发霉、腐败变质，食入过多冰冻饲料等；饲料骤变，过快改变饲料导致兔的消化道不适应；兔舍环境差，兔舍潮湿、温度低等；口腔和牙齿疾病等。

【临床症状】　病兔精神沉郁、食欲减退或废绝，排软便、稀粪，被毛污染、失去光泽，病程长的逐渐消瘦、虚弱无力，不愿运动。有的出现异食，有的出现腹痛及腹胀。腹泻严重的病兔，粪便稀薄如水，常混有血液和胶冻样黏液，有恶臭味。腹部触诊有明显的疼痛反应。由于重度腹泻，呈现脱水和衰竭状态，结膜暗红或发绀，呼吸急迫，虚脱而死。

【防治措施】

(1)预防 加强饲养管理,注意兔舍卫生;切实保证饲料品质,注重饲料配合的安全性、均衡性、稳定性。平时在饲料中或饮水中添加微生态制剂,当疾病高发期,微生态制剂用量加倍。当发生疾病时,直接口服微生态制剂,连续3天,有较好效果。

(2)治 疗

硫酸新霉素,10~20毫克/千克体重,口服,每日2次,连用3天。

恩诺沙星注射液,2.5~5毫克/千克体重,肌内注射,每日1~2次,连用3天。

对严重脱水病例要及时补饮葡萄糖食盐水溶液,也可口服补液盐,必要时要静脉注射或腹腔注射5%糖盐水。

兔腹胀

本病多发生于2~4月龄的幼兔,多是由饲养管理不当所致,也称为胃肠扩张。

【病 因】 幼兔消化功能差、饲料适口性过好时,容易导致幼兔贪食过量,从而出现腹胀病;采食含有露水的豆科饲料,雨淋以后的青饲料以及腐烂的饲草、饲料等均易发生本病;也可继发于肠便秘、肠臌气或球虫病。

【临床症状】 病兔腹部膨大,伏卧不动,继之流涎,呼吸困难,可视黏膜潮红,叩击腹部发出鼓音,病兔腹痛,眼睛半闭,磨牙,四肢聚于腹下,严重者因窒息或胃破裂而死亡。

【病理变化】 剖检可见胃体积显著增大且有气体,胃内容物酸臭,胃黏膜脱落。发生胃破裂者,局部有裂口,腹腔被胃内容物污染。多数病兔肠内有大量气体。

【防治措施】

(1)预防 合理饲喂,定时定量,防止家兔饥饱不均。更换饲

草、饲料时缓慢过渡；不能用带有露水或雨水的青饲料饲喂家兔，应晾晒干后再使用，不能使用冰冻饲草饲料，及时捡出发霉腐败饲料；更换适口性好的饲料，不能一次更换过多，应逐步更换。

(2)治疗　发病家兔首先应当对其停食，然后灌服植物油或液状石蜡10～20毫升，食醋10～30毫升；或用小苏打片和大黄片各1～2片；口服二甲基硅油片，每次1片，每日1次；大蒜泥6克，香醋15～30毫升，一次注射。

感　冒

本病是由寒冷引起的家兔的一种常见病，是急性呼吸道感染的总称，以鼻黏膜或上呼吸道卡他性炎症为主要发病表现的急性、全身性疾病，发热和呼吸加快为其发病的主要特征。

【病　因】　多发生于早春、晚秋季节，当气候突变、昼夜温差过大、剪毛受寒、通风不良家兔抵抗力变弱时，在多重因素作用下，就会导致本病发生。

【临床症状】　病兔精神沉郁、食欲减退，体温升高，咳嗽。患兔常用前脚擦鼻，打喷嚏，眼无神并且湿润，眼结膜潮红。

【防治措施】

(1)预防　严防兔舍温度起伏过大，加强防寒保暖工作。刚刚剪完毛的兔应注意保温。兔舍应保持干爽、通风良好，但应注意防贼风和穿堂风直吹兔体。

(2)治疗　治疗应当以解热镇痛、祛风散寒，防继发感染为原则。

解热镇痛可用口服复方阿司匹林0.25克，每日3次；或复方氨基比林注射液，肌内注射2毫升，每日2次，连用3～5天。祛风散寒可用白石清热冲剂3～5克，每日2次分服。病情严重者肌内注射青霉素、链霉素各20万～40万单位，每日2次。

毛 球 病

因家兔采食大量兔毛，导致兔毛在胃内形成毛团，或与胃内容物形成坚固的团状物，造成消化道阻塞而形成的一种疾病。

【病　因】　造成该病发生的原因既有营养方面的因素又有管理方面的因素：日粮营养不平衡，尤其是在日粮中含硫氨基酸不足时容易发生，另外缺乏钙、磷、镁和维生素均容易导致兔互相啃食兔毛；兔笼过于狭小、相互拥挤而吞食其他兔的绒毛；当料盆、水盆中和垫料上的兔毛未能及时清理，被兔误食。

【临床症状】　病兔精神不振，饮欲增加而食欲减退，粪便秘结，粪球中可见兔毛。触诊时胃内或肠内有块状毛球。如家兔之间相互啃食，能够见到兔体头部或其他部位缺毛。

【病理变化】　剖检可见兔胃内容物混有兔毛或形成毛球，有时可见肠内空虚现象，毛球阻塞肠管导致阻塞部位前段臌气。

【防治措施】

(1)预防　加强营养调控，为兔提供全价均衡的日粮；合理调整兔群饲养密度；及时清理掉落在饲槽、笼具上的兔毛，耐高温的器具可用火焰喷灯灼烧。

(2)治疗　轻度毛球病的兔可以采用多喂青绿饲料、增加运动量的方法，即可治愈；患兔每日喂服蛋氨酸 1～2 克，1 周内可停止食毛癖。也可对病兔口腔灌服植物油 20～30 毫升或人工盐 3～5 克，喂给易消化的饲料，同时用手按摩胃肠，促使兔毛排出。食欲差时，可先喂给大黄苏打片等健胃药物。

参考文献

[1] 陶岳荣．长毛兔标准化生产技术[M]．北京:金盾出版社,2008.

[2] 任克良．兔场兽医师手册[M]．北京:金盾出版社,2008.

[3] 向前,姜继民．怎样提高养长毛兔效益[M]．北京:金盾出版社,2009.

[4] 谷子林,张宝庆．养兔手册[M]．保定:河北科学技术出版社,2009.

[5] 李福昌．家兔营养[M]．北京:中国农业出版社,2009.

[6] 陶岳荣,陈立新．长毛兔日程管理及应急技巧[M]．北京:中国农业出版社,2011.

[7] 魏刚才,范国英．长毛兔高效饲养技术一本通[M]．北京:化学工业出版社,2011.

[8] 谷子林,秦应和,任克良．中国养兔学[M]．北京:中国农业出版社,2013.

[9] 谷子林．规模化生态养兔技术[M]．北京:中国农业大学出版社,2013.

[10] 任永军．无公害兔肉安全生产技术[M]．北京:化学工

业出版社,2014.

[11] 蒋美山,蒲华靖．国外兔人工授精技术介绍[J]．四川畜牧兽医,2011(9):41-42.

[12] 谷子林．2013 年我国兔业发展趋势与建议[J]．北方牧业,2013(3):12.

[13] 谷子林．家兔仿生地下繁育洞(地窝)的设计与应用效果研究[J]．科学种养,2013(6):41-43.

[14] 谷子林．近年我国家兔疾病发生规律和特点及其防控策略[J]．中国养兔杂志,2014(1):5-9.

[15] 谷子林．我国毛兔产业发展中几个问题之浅见[J]．中国养兔杂志,2015(3):16-20.

三农编辑部新书推荐

书　名	定　价
西葫芦实用栽培技术	16.00
萝卜实用栽培技术	16.00
杏实用栽培技术	15.00
葡萄实用栽培技术	19.00
梨实用栽培技术	21.00
特种昆虫养殖实用技术	29.00
水蛭养殖实用技术	15.00
特禽养殖实用技术	36.00
牛蛙养殖实用技术	15.00
泥鳅养殖实用技术	19.00
设施蔬菜高效栽培与安全施肥	32.00
设施果树高效栽培与安全施肥	29.00
特色经济作物栽培与加工	26.00
砂糖橘实用栽培技术	28.00
黄瓜实用栽培技术	15.00
西瓜实用栽培技术	18.00
怎样当好猪场场长	26.00
林下养蜂技术	25.00
獭兔科学养殖技术	22.00
怎样当好猪场饲养员	18.00
毛兔科学养殖技术	24.00
肉兔科学养殖技术	26.00
羔羊育肥技术	16.00

三农编辑部即将出版的新书

序　号	书　名
1	提高肉鸡养殖效益关键技术
2	提高母猪繁殖率实用技术
3	种草养肉牛实用技术问答
4	怎样当好猪场兽医
5	肉羊养殖创业致富指导
6	肉鸽养殖致富指导
7	果园林地生态养鹅关键技术
8	鸡鸭鹅病中西医防治实用技术
9	毛皮动物疾病防治实用技术
10	天麻实用栽培技术
11	甘草实用栽培技术
12	金银花实用栽培技术
13	黄芪实用栽培技术
14	番茄栽培新技术
15	甜瓜栽培新技术
16	魔芋栽培与加工利用
17	香菇优质生产技术
18	茄子栽培新技术
19	蔬菜栽培关键技术与经验
20	李高产栽培技术
21	枸杞优质丰产栽培
22	草菇优质生产技术
23	山楂优质栽培技术
24	板栗高产栽培技术
25	猕猴桃丰产栽培新技术
26	食用菌菌种生产技术